建設ビジネス

学生から業界関係者まで楽しく読める建設の教養

高木健次
Kenji Takagi

All About THE CONSTRUCTION BUSINESS

CROSSMEDIA PUBLISHING

序　章

日本が世界に誇る寿司、アニメ、建設職人

Chapter 0 :

Japan's world-class sushi,anime,architectural engineer

「日本の大工の技はアートだ！　弟子入りさせてくれ！」

日本の大工技術を発信するYouTuber「大工の正やん」。そこに寄せられた海外の方々のコメントです。YouTubeチャンネル登録者数はなんと国内外合わせ106万（2024年8月時点）。

海外で評価される日本の技術には寿司やアニメがありますが、実は大工をはじめとする「建設職人」も今、注目されています。日本の災害後の鉄道・道路などの復旧が早いため「日本の職人は魔法を使えるのか？」と海外から驚かれたこともあります。

工事をする職人だけでなく、建物を設計する建築士も日本人が活躍しています。「建築界のノーベル賞」と呼ばれ、世界的な建築家を称える「プリツカー賞」を世界で最も多く受賞しているのは、安藤忠雄氏をはじめとする日本人です（2024年時点）。

「誰もが使うスマートフォン（以下、スマホ）にも建設業界が関わっている」、こう聞くと意外でしょうか？　建設業界と言えば大工をはじめとする「家の工事」のイメージが強いですが、実際は道路、橋、河川の土木工事、工場や倉庫といった非住宅工事など、「家以外」の工事の方が大きなお金が動きます。例えば、皆さんがスマホを使えるのも、通信工事業者による基地局工事のおかげです。空調工事業者がいなければ、暑い夏にエアコンは使えません。雪国の除雪をしてくれているのも多くは地元の土木工事会社です。

しかし、そんな建設業界でどんな人たちが働き、どんな会社があるのか、知る機会は意外とありません。日本の工事現場の多くは「囲い」で隠され、外から中の様子を見ることは難しいためです。「生活に欠かせないけど、よく知らない存在」が建設業界です。

残念ながら建設業界は情報発信がヘタです。佐藤健さんら有名俳優を起用した大手建設会社（ゼネコン）のテレビＣＭなどで、最近ようやく一般の方の目に触れるようになった程度でしょう。建設会社はあまりＴＶドラマなどの舞台にならず、報道の機会も少ないです。そのため、ドローン（無人航空機）などを活用した「工事のハイテク化」が進んでいるなど、この15年の業界の変化があまり知られていません。


「きつい・汚い・危険」の「３Ｋ」はバブル絶頂の１９８９年に生まれた「バブル語」で、建設業界などの肉体労働について評した言葉です。しかしその「３Ｋ」も大きく変わりつつあります。例えば「危険」に関してですが、建設業界の死傷労災件数は30年前の４分の1以下に減少しています（※1）。「若者の建設業界離れ」と報じられることもありますが、実はこの10年、建設業界に新卒で入社する若者は増加傾向にあり、特に女性が増加しています。女子大学、専門学校で建築系学科の開設が相次いでいるほか、高専（高等専門学校）や工業高校の学生に大手企業の求人が殺到し、年収も上昇するなど、15年前と比較すると大幅に状況が変わっています。「ＡＩ（人工知能）に淘汰されない仕事がしたい」と銀行や芸能関係など異業種から建設会社に転職する人もいます。本書ではそんな建設業界の「今」と「ディープな面白さ」「課題と未来」を最新データと現場への取材を通じて、紹介していきます。

ビジネス面でも建設業界は大きなお金が動きます。国内建設投資は増加を続け、２０２３年度は過去10年で最大規模の70兆円（※2）となる見通しです。日本が世界に誇る漫画の市場規模が国内７０００億円（※3）ですから、漫画の１００倍、建設業界はお金が動いています。災害の多い日本では、災害対策工事の予算が毎年安定的に確保されるほか、半導体工場、物流倉庫、データセンターなどの新設需要も旺盛なためです。今後は日本の「Shokunin」が世界で活躍する可能性もあります。

自己紹介が遅れました。高木と申します。祖父が建設会社（塗装）の創業社長。父が二代目社長、姉も建設部門の技術士、物心ついたときからペンキと建設現場が身近にある、建設一家に生まれました。小学生の時から雑誌のゼネコン特集を読まされるなど、少し変わった育ち方をしました。

私が大学生のとき、父の会社は倒産。私の学費のために母が貯めていたお金も、父が会社の資金繰りに使ってしまい、私自身も追い詰められます。父の会社のことで嫌な思いをしたので、新卒では建設業界に無関係の事業再生ファンドを選びました。2011年、赴任先の東北で東日本大震災を経験。そこで震災後の建設関係の会社の経営再建に関わることになります。苦しむ会社を救うことができたのは、皮肉にも父の会社でいやいや身につけた建設と法律・会計の知識でした。命がけで災害復旧に当たる建設会社の姿に感動し、社長が急逝された製材会社の再建をする、といった経験を経て、結局ファンドから建設業界に戻ることになります。

現在は、工事会社向けにITサービスを提供するスタートアップ企業・クラフトバンク株式会社（以下、クラフトバンク）の創業メンバーとして、全国の建設会社の業績改善とデジタル化の支援、建設業協会などでの講演活動をしています。クラフトバンクの前身は内装工事会社の新規事業で、私は工事会社時代から在籍しています。

2023年、建設業界の人手不足に関し、テレビ朝日系列の報道番組「羽鳥慎一モーニングショー」やAbemaのニュース番組「Abema Prime」の監修、解説を務めました。

自分が建設業界で苦労してきたからこそ、ゆがんだ商習慣は自分たちの世代で修正してから次の世代に渡したい、そんな思いで活動しています。趣味は格闘技で、よく格闘技好きの建設会社の社長たちと飲んでいます。

建設業界は土木、非住宅、住宅、改修・解体と分野が多岐に渡り、大手ゼネコンから町の工務店までプレーヤーも複雑です。さらに、「人手不足なのに、職人の有料人材紹介と人材派遣が法令で禁止されている」など業界特有の法規制があり、取引をするうえで理解しておかなくてはならないポイントがあります。私は業界の中と外、両方の視点から「池上彰さん」のようにわかりやすく伝えることを意識しています。

また、これまで建設業界の書籍は東京の大手ゼネコンや有名建築家による建築物が多く紹介されてきましたが、本書では地方の中小工事会社の経営者や「匠」と呼ばれる職人たちにも多く取材しています。

本書は建設業界に新たに関わる方向けに書いています。例えば「金融機関やコンサルティング、IT、人材、メディア関係の会社で初めて建設業界に関わる」「業界未経験だけど建設会社に就職、転職を考えている」方を想定しています。建設業界の方にも新たな発見があるよう、最新の事例を取材しています。

構成としては第1章で身近なものから建設業界全体のことがわかるようにまとめています。その後、第2章~5章で土木、非住宅、住宅、解体・改修などの工事分野別の最新トピックス、トレンドをまとめ、第6章~7章で建設業の採用、働き方、給料、第8章で業界の歴史、第9章で業界の未来とテクノロジーをまとめています。

- TV朝日番組「激レアさんを連れてきた」に出演した女性重機オペレーター
- 戸田建設、LIXILなどの大手企業
- 冒頭で紹介した国内外106万フォロワーの大工YouTuber
- 長年建設業界の作品を描かれてきた漫画原作者の先生
- 舞台役者からゼネコンの現場監督に転職した女性

など幅広くユニークな方々に取材しています。

- 「能登の復興はなぜ遅れるのか?」を建設業界の視点で考える
- 「昔やんちゃだった」建設業の男性が早々に結婚して家庭を築くのはなぜ?
- 「建設業界はブラック」「中抜き」と呼ばれるのはなぜか?

・「医者より土建屋は批判されやすい」報道が建設業界のイメージを変えていった歴史などの建設業界の実態から見える社会問題もまとめています。

・家を買うときに気を付けることを「匠」に聞いてみた
・マンションの修繕費不足はなぜ生じるのか？「正直不動産」監修のプロに聞いてみた
・解体工事のプロから見た実家を解体するときのポイント
・受験偏差値だけではわからない、資格と就職率で見る学校選びのコツ

など日常生活に役立つ項目も盛り込んでいます。

また、巻末にはより深く建設業界を知るための書籍等も紹介しています。

本書を通じて建設業界への興味や関心が高まり、工事現場で働く人たちに少しでも優しくなってもらえたら幸いです。

※1　建設業労働災害防止協会
※2　国内名目・国土交通省試算
※3　クロスメディアパブリッシング「漫画ビジネス」

第2章 ドローンから学ぶ土木工事の世界
Chapter 2 : The world of civil engineering

第3章 タワマンから学ぶビル・高層建築の世界
Chapter 3 : The world of skyscraper

第4章 大工YouTuberから学ぶ住宅工事の世界

Chapter 4 : The world of housing

第5章 漫画『解体屋ゲン』から学ぶ解体・改修工事の世界

Chapter 5 : The world of renovation

第6章 工業高校・高専から学ぶ建設業界の採用・人材育成の世界

Chapter 6 : The world of recruitment and human resources development

第7章 給与明細から学ぶ建設業界の給料と働き方の世界

Chapter 7 : The world of salary and work style

第8章 徳川家康から学ぶ建設業界の歴史の世界

Chapter 8 : The history of construction business

第9章 重機から学ぶ建設業界の未来

Chapter 9 : The future of construction business

第1章

トイレから学ぶ建設業界の世界

Chapter 1 :

The world of construction business

ALL ABOUT THE CONSTRUCTION BUSINESS

1

世界に誇る日本の建設技術

～地上４５０ｍでトイレが使えるのはなぜ？

第１章では「トイレ」を入り口に、建設業界の全体像を解説していきます。

突然ですが、皆さんは地上４５０ｍの東京スカイツリー®天望回廊で、問題なくトイレが使えるのはなぜか、考えたことがあるでしょうか？　どうやってあんな高いところに水をくみ上げているのか？　排泄物がものすごい勢いで地上に落下しないのか？　その疑問を解決するのが世界に誇る日本のものづくり技術です。

まず、地上４５０ｍまで水をくみ上げる技術ですが、貯水槽に中継を設けながら、ポンプで段階的にくみ上げています。次に、排泄物の処理ですが、排水管の内部に設けられた突起や排水管の折り曲げにより、排泄物の落下速度を減速させる排水管が使われています。

この技術はタワマン（タワーマンション）他の高層ビルで使われている技術と同じもので

す。皆さんが高層階で問題なくトイレを使うことができるのは、「目に見えないところで実はすごいことをやっている」企業が日本に多いからです。建築物は「すごい技術の塊」なのです。

海外で人気の日本製品と言えばＴＯＴＯ株式会社の便器です。ＴＯＴＯの温水洗浄便座「ウォシュレット®」は来日した外国人旅行客が感動する製品の一つでもあります。訪日旅行をきっかけに日本のトイレの良さに気づいた外国人が、海外でＴＯＴＯを広めてくれています。例えば、ＴＯＴＯのウォシュレットはロンドン、パリに約２００ある５つ星ホテルの4割超で設置されています。そもそも「ウォシュレット」はＴＯＴＯの商品名ですが、世界的に普及した結果、「温水洗浄便座＝ウォシュレット」という認知を得るまでになっています。１９８０年の販売開始以降、２０２２年には国内外累計出荷台数６０００万台を突破しています。ウォシュレットを搭載した多機能トイレは日本独特のものであり、ＴＯＴＯは中期事業計画で「日本の快適で清潔なトイレ文化を世界に広げる」としています。

ノズルから噴出する温水がお尻に当たって周囲にかからない角度を追及するなど、日本の「職人的ものづくり」が反映されたのがＴＯＴＯのトイレです。私は序章で「日本が世界に誇るアニメ、寿司、建設職人」と述べました。職人的ものづくりの代表はトヨタ、ホンダをはじめとする自動車ですが、トイレも日本が誇る「職人芸」の一つです。

TOTOの便器にも工夫が凝らされていますが、その設置工事も高度な職人の技術が活かされています。例えば和式トイレを洋式にリフォームする場合、様々な住宅の状況に応じて臨機応変に対応しなくてはなりません。古い家は新築時の図面が残っていない場合もあります。電気配線を切らないように、ここまでは壊して、ここまでは残して、きちんと配管して……というように職人たちは現場ごとに「見立て」、予算や工期など限られた条件の中で「納め」ています。このように建設職人の技術は目に見えにくいですが、皆さんの生活を支えています。序章で紹介した「大工の正やん」チャンネルでは、この「見立て」「納め」の技術を動画で見ることができます。

建設業界の商流

身近なトイレ工事を題材に建設業界の商流を考えます。

まずTOTOを始めとする建材・住設機器メーカーがあり、物流を含めた流通を担う建材商社がいます。ハウスメーカーのリフォーム部門や家電量販店のリフォーム窓口などが

図1　建設業の商流

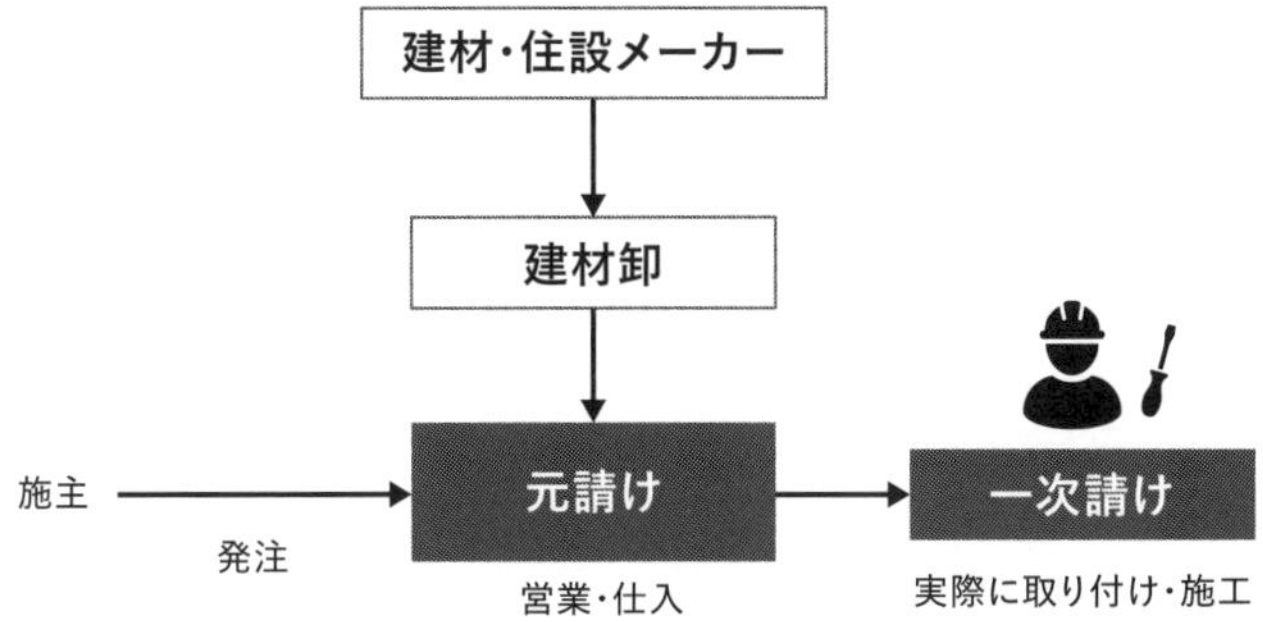

発注者（施主）から「元請け」として工事を受注します。実際に取り付け工事を行うのは元請けとは別の会社、一次請けの給排水設備工事会社（専門工事会社）の設備職人です。これは一例で、実際は案件によって商流は多様です。

工事に必要な工具、重機などのメーカーも含めると、一つの工事に多種多様な会社、プロが関わっていることがわかります。本書が取り扱う建設業界の対象はハウスメーカーなどの元請け～専門工事会社とそこで働く人々をメインとしていますが、適宜、建材や重機についても触れていきます。

ALL ABOUT THE CONSTRUCTION BUSINESS

2

建設業界に関わる企業

～ゼネコンから町の工務店まで

「あれ？　家の工事って大工さんが全部やるんじゃないの？　分業なの？」

先ほどのトイレ工事の事例でこのように思われたかもしれません。

建設工事に関わるプレーヤーは細分化され、建設業界は分業を前提とした構造になっています。例えば、新築戸建住宅を一軒建てるために、少なくとも10以上の職種（工種）が関わります。積水ハウスなどの大手企業でも一社で工事が完結することはありません。

大工さんだけで家が建つわけではなく、現場監督、電気、給排水、基礎、外壁、屋根と各ジャンルのプロがいます。大工と現場監督は全く別の役割で、必要な国家資格・検定も違います。「大工と鳶《とび》職って服装似てますけど違うんですか？」と聞かれることもありますが、全く違います。病院が内科、眼科と専門で分かれているように、建設業界も家族や友人が建設会社に勤めているからといって、電気から屋根の工事まで、なんでもお願いし

図2　戸建て住宅建設のフローと建設に関わる会社

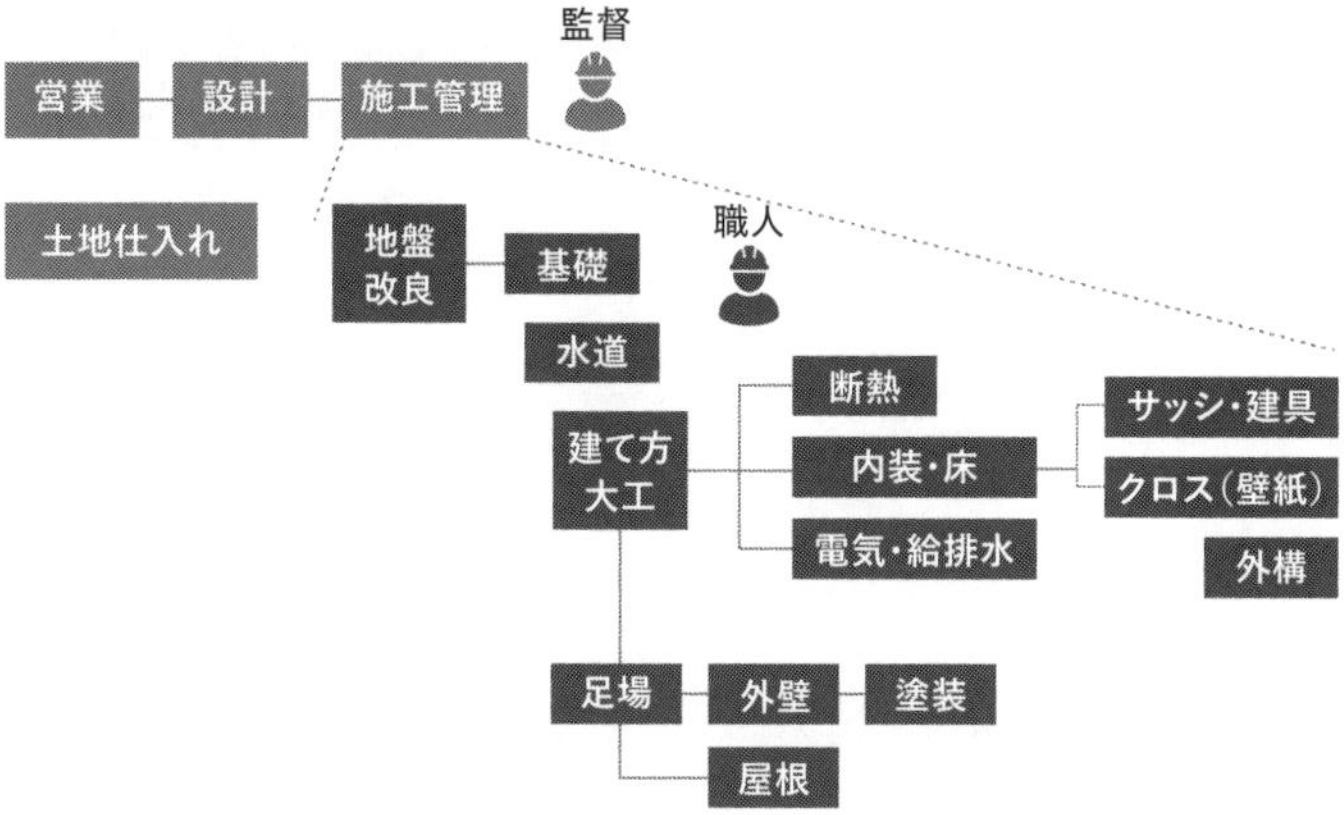

ていいわけではないのです。

では、なぜ分業制なのでしょうか？　それは工事に関わる行政許可の種類が違い、職種による資格・検定の種類も違うからです。「大工の行政許可で電気工事はできない」のです。

一定金額以上の建設工事を請け負うためには建設業法に定められた行政許可「建設業許可」を取得する必要があります。許可の種類は大工、左官、とび・土工、解体など29種類。

建設業許可業者は

・専任技術者……国家資格者や実務経験者

図3　建設業許可29工種（2024年時点）

区分	建設工事の種類		
一式工事（2業種）	土木一式工事 建築一式工事		
専門工事（27業種）	大工工事	鉄筋工事	タイル・れんが・ブロック工事
	左官工事	鋼構造物工事	しゅんせつ工事
	とび・土工・コンクリート工事	舗装工事	造園工事
	石工事	板金工事	防水工事
	屋根工事	塗装工事	建具工事
	内装仕上工事	解体工事	ガラス工事
	電気工事	熱絶縁工事	消防施設工事
	電気通信工事	さく井工事	水道施設工事
	管工事	機械器具設置工事	清掃施設工事

を常勤で配置しなくてはならない

・経営業務の管理責任者経験……経営者に一定期間の経営経験がなくてはならない

・財産的基礎または金銭的信用……自己資本などが一定額以上なくてはならない

などの要件を満たす必要があります。これは、工事を請け負うには資格や経験などの技術だけでなく、一定の経営、財務、法律などの知見が必要という考え方に基づきます。規制によって違法業者の参入を防ぐ狙いもあります。

この建設業許可とセットで建設業界には様々な資格や技能検定があります。厚生労働省（以下、厚労省）所管の建設関係の技能検定職種だけでも30種類以上あります。

大工などの職人だけでなく、工事の工程管理、品質管理などの「段取り」を行う現場監督＝施工管理も国家資格があります。施工管理（技術者）と実際に工事業務を行う職人（技能者）に大きく資格・検定の種類は分かれます。「現場監督と大工は資格も役割も違う」のです。なぜ日本の建設業界が分業制になったのかなど、業界の歴史は第8章でまとめています。

「建設業界＝やんちゃな体育会系」というイメージをお持ちの方もいるかもしれませんが、「高度な知識と専門性を要する資格産業」の側面も持っています。

工事に関わる会社　ゼネコンから工務店まで

工事には多種多様な会社が関わります。しかも工種によっては天候にも左右されます。それらを調整し、工程、予算、品質、安全、資金、法務などを管理する会社を元請けと呼びます。その代表格がゼネコンです。ゼネコンは「ゼネラルコントラクター（総合建設業）」の略。例えば大成建設などの大手ゼネコンは、国立競技場など大型プロジェクトの設計、施工管理を行っています。市役所などの地域の建物は地元に根付いた地場ゼネコンが設計、施工管理を行うことが多いです。工事には多額の資金が必要なため、元請けには金融的なリスクを負担し、資材を調達する役割もあります。

図4　工事会社のプレーヤー

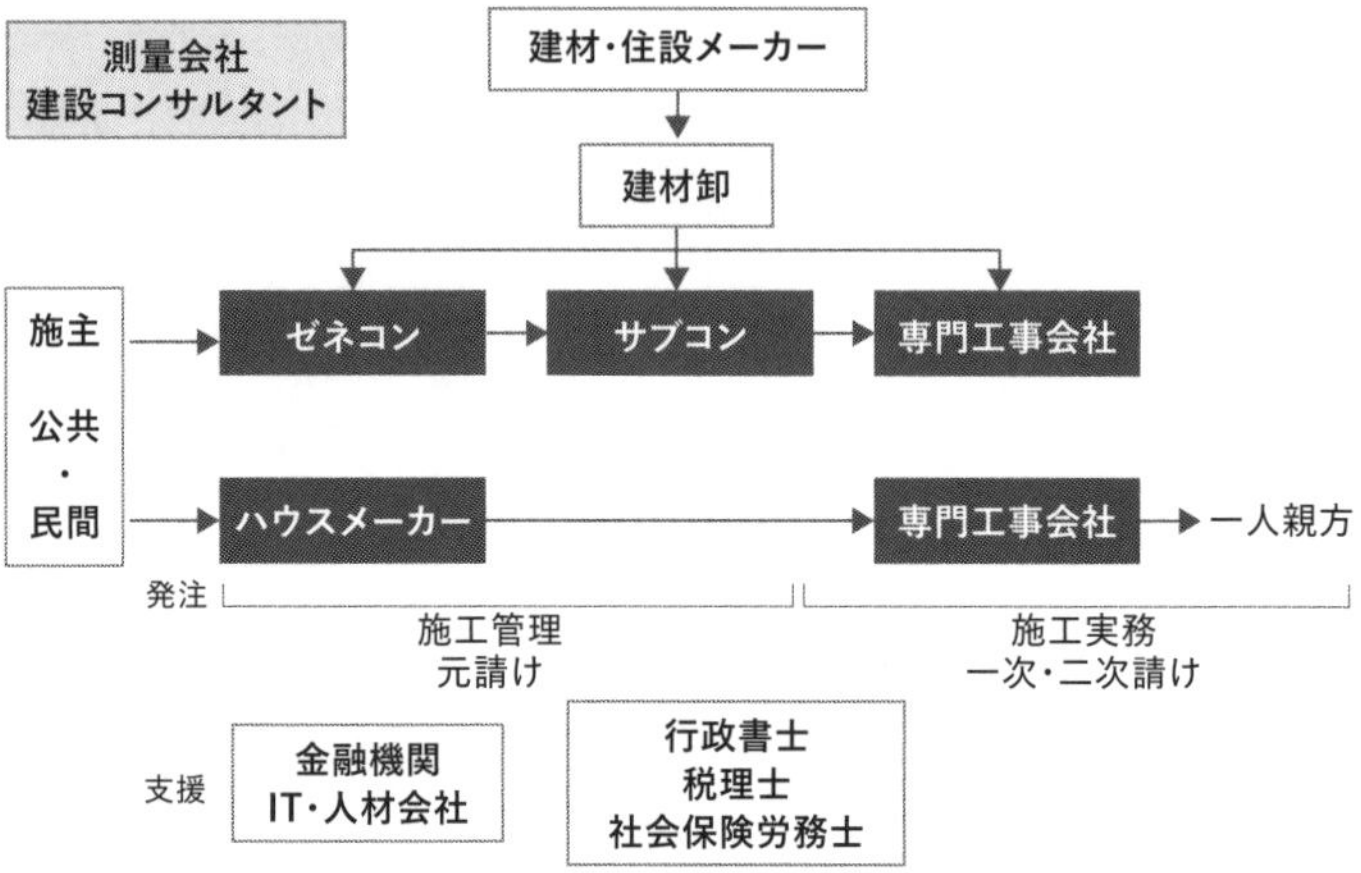

ゼネコンには施工管理職と設計職が主に在籍し、職人を社員として直接雇用する（直接雇用の職人の組織を業界用語で直営班と言います）場合と、職人を直接雇用せず、外注で対応する場合の二種類に分かれます。後者の直営班を持たないゼネコンが多いです。ゼネコンは主に土木、非住宅工事を行い、住宅工事を行う全国的な元請けをハウスメーカー（積水ハウスなど）と呼びます。小規模の住宅元請けは「工務店」と呼ばれることが多いです。

ゼネコンやハウスメーカーから電気、足場、左官、解体などの工事を請けるのが専門工事会社で、直営班を持つ会社が多いです。ゼネコンの一次請けとして工事の一部を担い、規模が大きな会社をサブコン（サブコンストラクター）と呼ぶこともあります。サブコン大手は東京電力系の関電工などです。

この分業を前提とした複雑な受発注構造を「多重請負構造」と呼びます。

元請けと専門工事会社は同じ現場で一緒に仕事をしますが、施工管理と職人で法律上の扱いが違うほか、業務フローや原価・労務管理、資金の流れが全く違うので、人材、金融、ＩＴの会社で建設会社と関わる場合は、その違いをよく理解しておく必要があります。

「元請け」と「下請け」

なお、一次請け、二次請け以降の会社を「下請け」と呼ぶ場合もありますが、すでに業界では「下請け」ではなく「協力会社」「一次請け」という呼び方が広がっており、本書でも「下請け」の呼称は極力使いません。

近年、現場では「元請け」が「下請け」の顔色をうかがって仕事をするなど、力関係は必ずしも「元請け」が上とは限りません。赤字に苦しむ大手ゼネコンがある中、「うちなんて下請け中小企業だよ」と話す社長の会社の財務状態が非常に良く、社長は高級腕時計をつけている、なんてこともあります。

かつて昭和のころは「専属下請け」と呼ばれ、一社の元請けからしか仕事を請けない一次請け、二次請けが多かったのですが、今は複数の元請けを「掛け持ち」する一次請け、二次請けが増え、「付き合う元請けを選んで」いるのです。

ALL ABOUT THE CONSTRUCTION BUSINESS

3

クイズでわかる建設業界
～橋、ダム、倉庫、店舗まで

「建設業界＝大工」

業界外の方からするとこのイメージが強いようです。しかし、建設業界は土木、建築の大きく二つに分かれ、そのカバー範囲も広いです。

- **土木：道路、トンネル、橋、ダム、河川、鉄道など**
- **建築：ビル、工場、倉庫、病院、オフィス、店舗、住宅など**

同じ建設業界でも土木と建築では商習慣や文化が違います。

市場規模は国内建設投資だけで70兆円（※1）。序章でも触れたとおり、建設業界は「意外と成長産業」です。建設投資は２０１０年度に42兆円まで減少しましたが、東日本大震災のあった２０１１年以降、増加を続けています。

図5　建設投資の内訳　2023年度名目値見通し

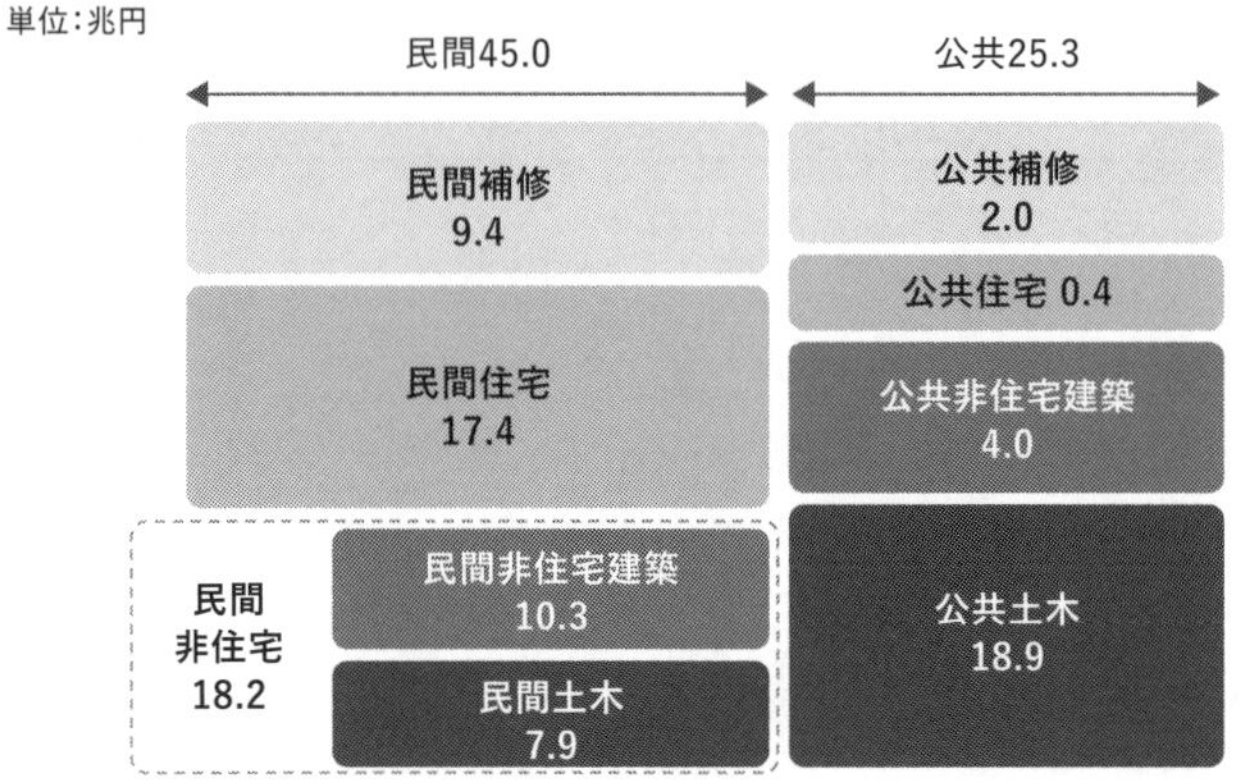

国交省　2023年度建設投資見通し

区分の仕方にもよりますが、建設投資額順に見ると公共工事、工場、倉庫などの民間非住宅工事、戸建住宅、マンションなどの民間住宅工事、リフォームなどの改装・改修工事となり、住宅投資は3番目の規模です。しかも、少子高齢化に伴って住宅投資は減少傾向にあり、建設業界全体で見ると「家」の仕事は一部でしかないのです。

国勢調査による就業者（働く人）の構成を見ても、最も多いのは土木工事の技能者で、次いで電気工事、大工は3番目です。大工が必ずしも住宅工事をやっているとは限らず、店舗やオフィスの改修工事をやっている大工もいます。

公共、民間別に中身を見ていきましょう。

図6　就業者の構成

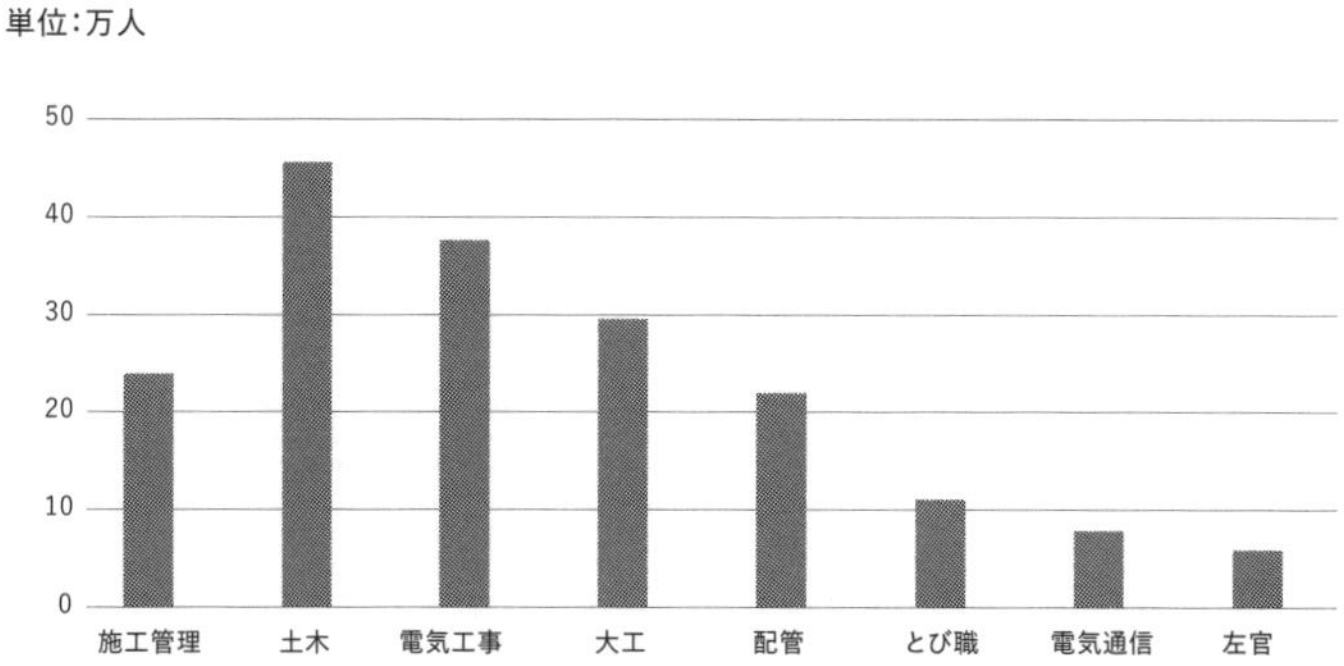

2020年国勢調査

公共工事の75％は土木工事です。国土交通省（以下、国交省）や都道府県、市町村などの公的機関が発注者になります。公共工事の建築分野は市役所、消防署などの建物の工事になります。災害後の復旧工事を担っているのも土木工事会社です。

次に民間工事です。個人や法人などの民間が発注者になります。

突然ですが、ここで民間工事に関するクイズです（※２）。

①非住宅：国内で新築される建築物の総床面積が最も大きいのは、店舗、事務所、倉庫、工場の４つのうちどれか？

②住宅：国内で新築される住宅戸数に占める分譲マンションの比率は何％か？

いかがでしょうか？

①の答え：非住宅投資で最も新築着工床面積が大きいのは倉庫

日本は自動車など製造業が強いので、つい「非住宅工事＝工場」と考えてしまいがちですが、今、非住宅分野で最も投資が活発なのはAmazon、楽天などの通販需要に後押しされた倉庫です。次いで、病院やデータセンター、工場、事務所、店舗と続きます。

②の答え：新設住宅着工戸数に占める分譲マンションの比率は13％

都市部に住んでいる方からすると意外かもしれませんが、国内の新築マンションは、東京、神奈川、愛知、大阪などの主要都市に集中しており、例えば青森や鳥取は新築分譲マンションが一棟も建たない年があります。着工戸数が多いのはまずアパートなどの貸家、次いで戸建て注文住宅（持家）です。

私はクラフトバンクの新入社員研修でよくこのクイズを出しますが、建設業界出身者でも時々間違えます。

図7　民間建築市場の構造

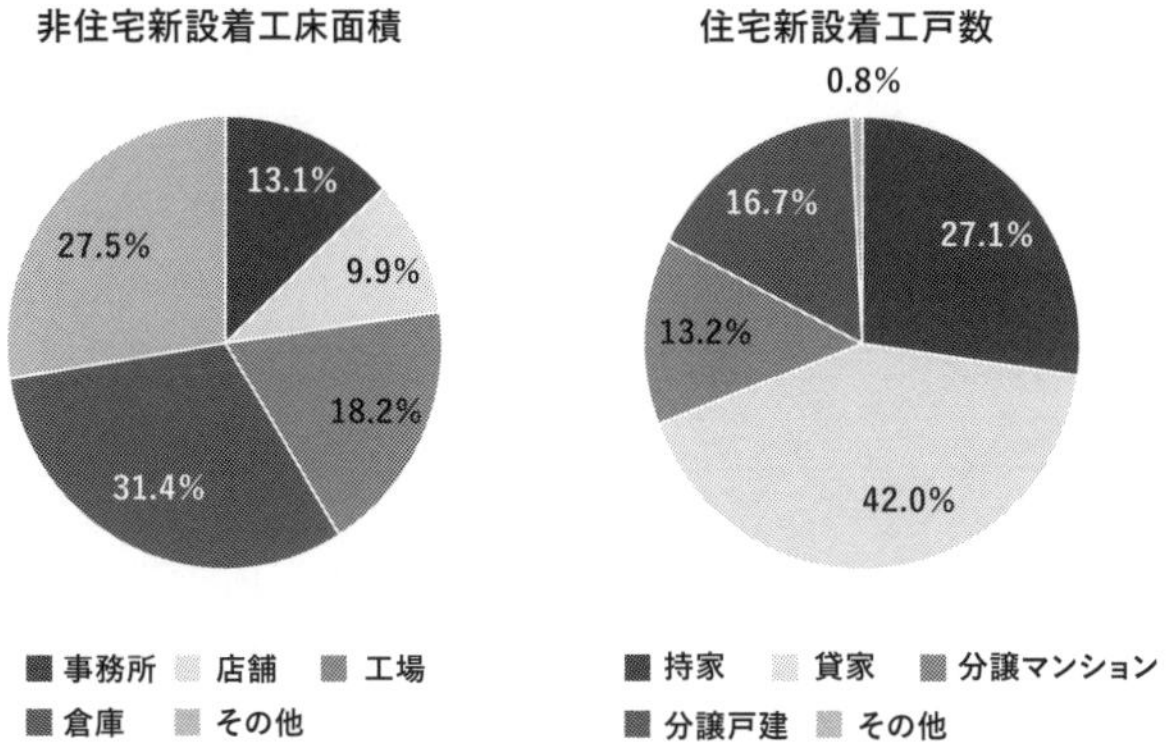

国交省　建築着工統計調査報告2023年

また、今、建設投資が伸びているのは改修工事です。ビル、マンション、工場の修繕などです。住宅のリノベーション、リフォームもこの改修に含まれます。高度経済成長期、バブル期に建てられた建築物の改修需要もあり、伸びています。他に重要なのがＮＨＫの番組「解体キングダム」でも注目されている解体工事です。作るプロがいれば壊すプロもいるわけですね。

よく建設業界と比較される自動車業界はトヨタ、日産、ホンダの大企業3社だけで日本国内の販売台数シェアの68％を占めています（２０２２年）。この3社の影響力が大きい市場と言えます。他方、建設業界では鹿島建設、大成建設などの大手ゼネコンが所属する業界団体・一般社団法人日本建設業連合会93社の国内売上すべてを足し合わせても、国内受注総額の20％しかシェアがありません。建設業界は中堅、中小、零細企業が多数を占める市場です。

※1　国土交通省（以下、国交省）2023年度名目建設投資額見通し
※2　2023年度国交省新設住宅着工戸数

ALL ABOUT THE CONSTRUCTION BUSINESS

4

建設業界で働く人々

〜意外と女性が多く、新卒が増えている

皆さんの同級生には建設業界関係者が何人いるでしょうか？

建設業就業者数は４８３万人(※1)、全産業で４番目に多いです（就業者全体の７％）。１クラス30人とすると、少なくとも１クラスに２人は建設業界で働く人がいることになります。４８３万人の建設業就業者の内訳を詳しく見てみましょう。

女性が増え、意外と事務員が多い

男女比で見ると女性は18％。「男社会」のイメージの強い建設業界ですが、５人に１人は女性で、近年、女性就業者が増加しています。女性就業者のうち18％は現場監督や職人などの「現場職」です。

図8　男女比、職種比、年齢比、企業規模比

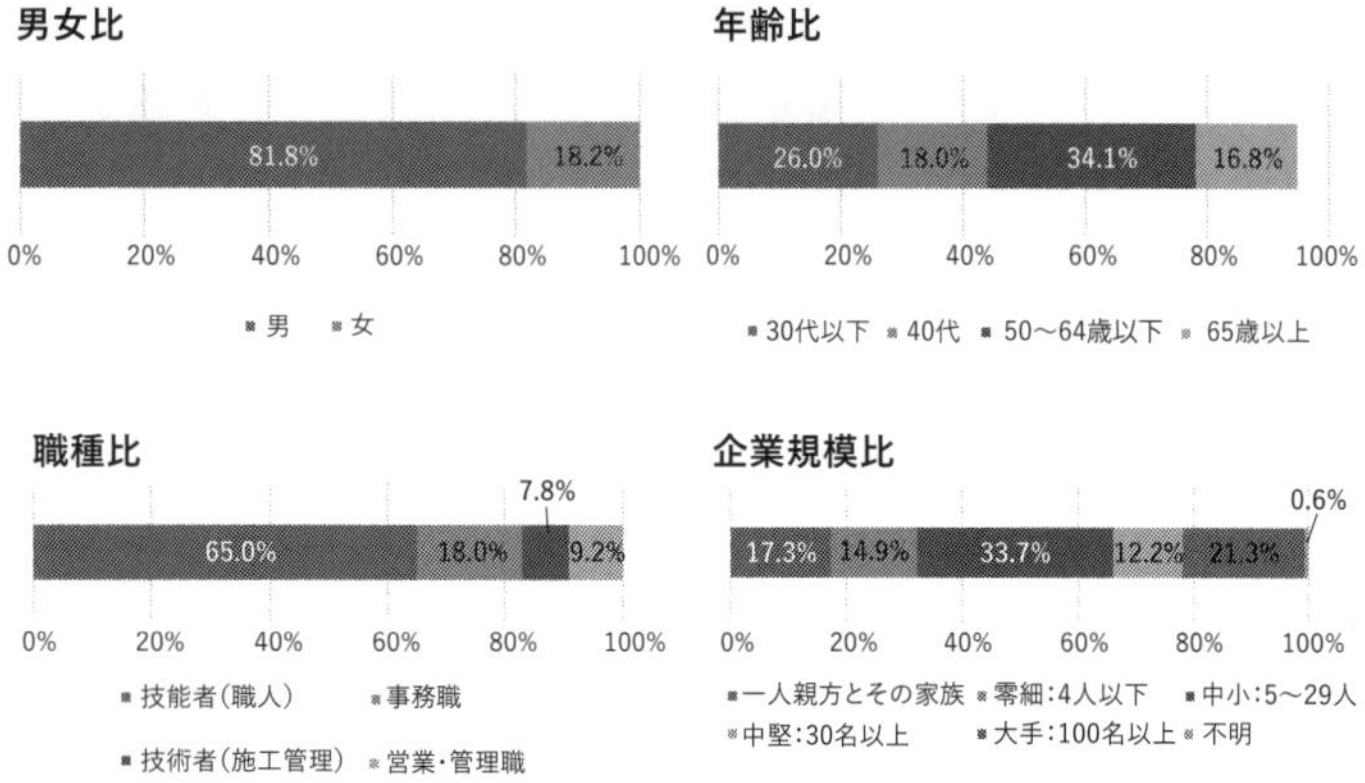

総務省　労働力調査2023年度

職種別で見ると、職人が63％で最も多く、次に多いのは事務職で18％です。施工管理などの技術者が8％、残りは営業職と管理職です。「現場職」のイメージが強い建設業界ですが、2割弱は内勤と呼ばれる事務職なんですね。

建設業界は見た目以上に「事務産業」です。現場では未だにホワイトボード、紙、電話、ファックスでの管理が行われています。デジタル化が進んでいるのは大手企業や一部の先進企業が中心で、多くの中堅、中小企業の業務は令和の今でも「昭和」のままです。一部のゼネコンや行政機関も未だに「紙」の提出を求めてきます。

また建設業界は「建設業経理検定」と呼ばれる経理資格も存在するほど会計処理が

特殊なため、経理などの事務をするにも専門性が求められます（資格が無くても経理業務はできます）。

企業規模別の就業者数を見ると、他の産業と比較して社員数29名以下の中小企業で働く人が66％と多いです。特に法人化されていない個人事業主（中でも、社員ゼロの個人事業主を建設業界では「一人親方」と言います）が多く、全体の17％を占めています。「トヨタ自動車などの大企業の社員が多い」製造業との違いです。ただこの「中小企業で働く人の比率」「一人親方」は毎年減少傾向にあり、社員数１００名以上の企業に就業者がシフトしています。

新卒は増えているが、都市部に集中し、意外と外国人は多くない

年齢構成で見ると65歳以上が17％。６人に１人は65歳以上と他業界より高齢化が進んでいます。10～30代の若年層は26％です。「建設業界に若者が入ってこない」と言われますが、建設業界に新卒で入ってくる若者は年間４万人と、少子化にも関わらず微増傾向にあります。２０２１年から、この65歳以上の比率（高齢化率）は前年比で少しずつ下がり始めています。「頑張って若者を採用して、高齢化を必死に食い止めている」のが実態です。

図9　地域別の建設業就業者数と高齢化率(65歳以上の比率)

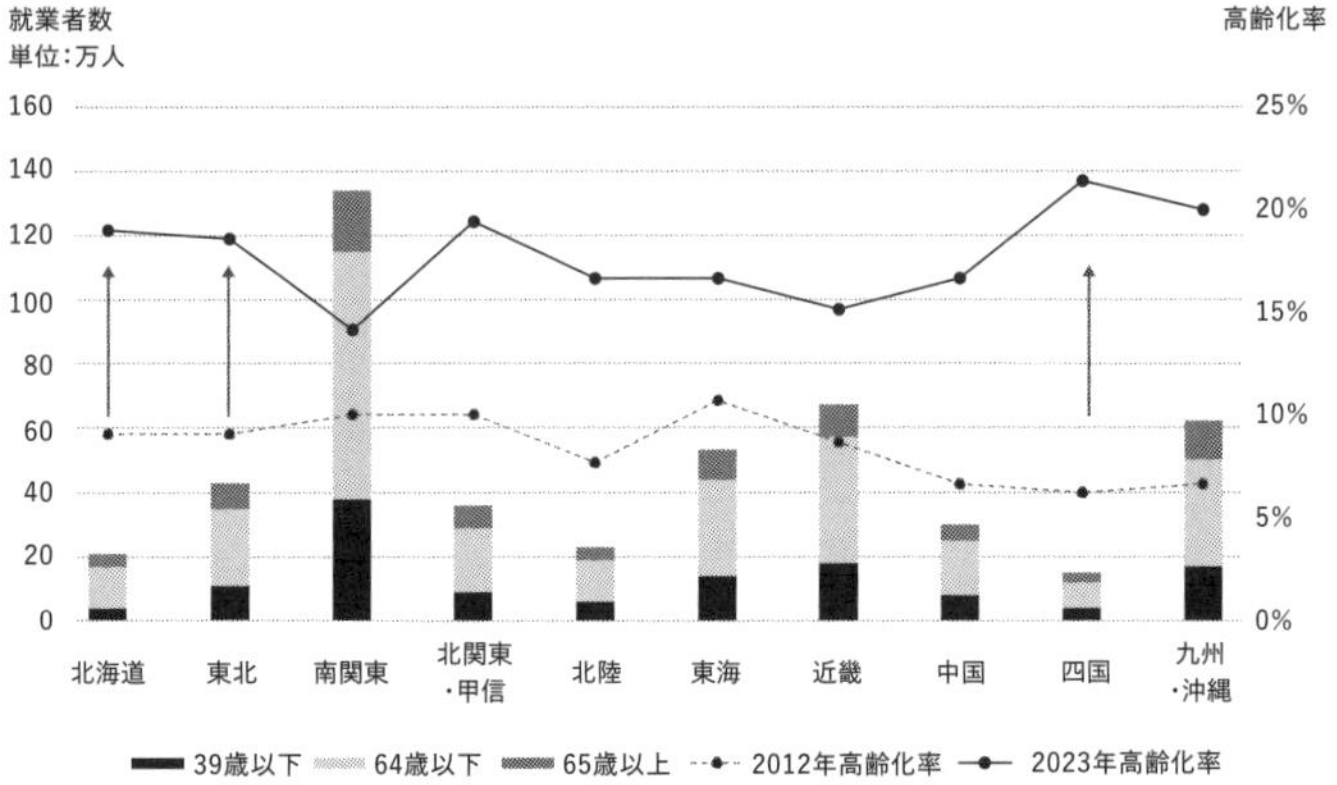

総務省　労働力調査

この年齢構成、高齢化率を地域別に見てみると、直近10年の間に北海道、東北、四国で高齢化が進み、若者が首都圏、東海、近畿に集中しています。これは「東京の大企業が山形の工業高校で採用活動をする」などした結果、若者の都市部集中が進んだためです。「若者の建設業界離れ」ではなく「地方から若者が出ていった」のです。

日本全体の少子化に伴う人口減(出生数から死亡数を引いた自然減)は2023年時点で年間83万人なのに対し、引っ越し(市区町村間の人口の移動、社会移動)は526万人。社会全体に影響が大きいのは「引っ越し」なのです。

なお、建設業就業者は特定の地域に集まる傾向にあります。例えば東京23区内では足立区、江戸川区、練馬区に建設業就業者が多く、開発ラッシュの続く港区、千代田区に少ないなど、区のレベルでも大きな差があります。これは愛知、大阪などの他都市でも同じです。「たくさん建物が建つ町と、大工の多い町がズレている」のです。

「最近の建設現場は外国人ばかりだ」というのもデータで見ると少し異なります。国内建設業界で働く外国人労働者は毎年増加していますが、それでも建設業就業者全体の３％弱しかいません。日本人が97％を占めています。日本で働く外国人の多くは工場やコンビニを選ぶため、建設業界を選ぶ外国人は外国人就業者全体の６％しかいません。しかも、外国人を受け入れる事業所は東京、神奈川、愛知、静岡など特定地域に集中しています（※2）。

人手不足はなぜ起こる？

建設投資は伸びている一方、建設業就業者は２０１３年から10年間で16万人減りました。２０２３年はなんとか就業者数の減少が止まりましたが、建設投資が伸びているため、人手不足の解消には至っていません。「現場の高齢化が進み、人材が都会に集まっているのに、駅の再開発や半導体工場など、大型プロジェクトが全国でどんどん進んでいる」のが建設業界の人手不足の背景にあります。

また、20代の若者は増えているものの、40代の就職氷河期世代が大きく減っています。加えて、大企業で働く施工管理は増えているものの、中小零細企業で働く職人は増えていないことも影響しています。

地方に目を向けると、「都市部の会社が離島まで出張して改修工事を行う」など、「遠方から職人に出張してもらわないと工事ができない現象」が起きています。地方で災害が起こると、この職人不足はさらに深刻になります。被災者の不安に付け込んだ「災害後のリフォーム詐欺」なども横行しています。この本をお読みの皆さんだけでなく、皆さんの高齢のご両親のもとにも、悪質業者が訪問してくるかもしれません。そしてその手口は毎年巧妙化しています。警視庁、消費者庁、損害保険の業界団体などが最新の事例をもとに注意喚起をしていますので、そちらもご確認ください。

リフォーム会社によれば、悪質リフォーム業者は目に見えにくい「屋根」「床下」の工事を提案することが多いそうです。わざと屋根を壊す業者もいます。

※1　2023年・総務省労働力調査
※2　2022・厚労省外国人雇用状況

ALL ABOUT THE CONSTRUCTION BUSINESS

5

建設業界特有の法規制
〜職人は有料人材紹介も人材派遣も禁止

「建設業界は人手不足ですが、建設職人は有料人材紹介も人材派遣も法令で制約されているんです」

出演した番組で私がこう発言すると、他の出演者の方に一様に驚かれました。私がよく「建設業界の人手不足問題は他業界と事情が違う」と言うのは、この法規制が理由です。残念ながら、この法規制に触れずに、建設業界の人手不足を「不良が減ったから」といい加減な理由で片付けているネット記事もあります。

人材紹介に関しては、職業安定法で建設職人の求職者を有料職業紹介事業者（人材エージェント会社）が紹介することが禁止されています。同様に、建設職人の人材派遣も労働者派遣法で禁止されています。

ややこしいのですが、現場監督（施工管理）や営業職、建設会社の事務職員、CADオペレーター（コンピュータ上の図面作成業務をする人）の有料人材紹介や人材派遣は禁止されていません。そのため、人材会社が建設業界に関わる場合、施工管理などに限った人材紹介、人材派遣を行うか、求人広告を取り扱うなど業務範囲がかなり限定されます。

施工管理の人材派遣会社は今、急速に業績を伸ばしており、「建設現場で派遣社員が増えた」と言われることもあります。それでも建設業界は派遣社員が就業者全体の2・5％しかいません。この比率は製造業、小売業などの他産業と比較して非常に低いです。派遣社員が増えているのは施工管理に限った現象と言えます。

この法規制の関係で、建設業界の転職事情は特殊です。「高校・大学の同級生にSNSで連絡を取って誘う」など、建設会社は地道な採用活動をしています。

有料人材紹介が禁止されていることで、

・業績が伸びている会社がなかなか職人を採用できない

・大型プロジェクトや災害などで急に人材が必要になったときに集められない

・成長企業に転職して給料アップを狙う機会が職人だけ制限されている

・会社の経営が悪化した時に、他社に転職する機会が職人だけ制限されている

・他の業界から人材紹介会社を介して建設職人になりたい人を採用することができない

などの弊害も起きています。政府は「人材の流動性を高め、賃上げを促す」方針を掲げていますが、その流動性が法律で抑制されているのが建設業界です。工事会社の経営者はジャンケンで言えば「グーとチョキしか出せない」制約の中で、災害復旧などに挑んでいるのです。

建設職人の有料人材紹介や人材派遣が禁止されている背景として、「一つの現場で複数の会社が一緒に作業をしており、労働災害時の責任の所在があいまいになるのを防ぐ」「年度末の3月に工事が集中し、季節繁閑が大きいので、必要な時だけ雇って、仕事がなくなったらすぐ解雇になるのを防ぐ」の2つが挙げられます。

「有料人材紹介・人材派遣禁止」に加え、前の項で挙げた建設業許可をはじめとする建設業法における細かな規制があります。例えば、建設工事請負には下請法は適用されません。その代わり、建設業法の条文が適用されます。一括下請負（いわゆる「丸投げ」）も例外はありますが建設業法で禁止されています。そのため、ＩＴや人材、広告など他の業界でも建設業界と同じように「丸投げ」を規制すべき、という意見もあります（事実上の「丸投げ」をしている建設会社も現場にはいますが）。

他にも、建設業法では現場の規模に応じて、資格保有者など要件を満たす主任技術者、監理技術者を現場に配置しなくてはならないなど、配置基準が定められています。

また、新たに建物を建てる場合はその構造や設備について定めた建築基準法、公共工事に関する発注者、受注者の義務を定めた公共工事品確法など、業界特有の規制が多くあります。公共工事になれば、より法的要件は厳しくなります。さらに消防法、水道法など一部を挙げただけでも、多数の法律が関わり、さらに自治体によっては独自の景観条例がある場合もあります。しかも最近はその法律、条令が頻繁に改正されます。

建設会社と取引する際や建設業界の記事を書く際は「規制業種であり、他の業界にはない特殊な規制がある」ことを十分理解しましょう。建設業法などの関連法令に最も詳しいのは建設業許可を取り扱う行政書士の先生です。ただし、すべての行政書士の先生が建設業法を取り扱うわけではないので、よくホームページで確認の上、相談しましょう。

ALL ABOUT THE CONSTRUCTION BUSINESS

6

業界トレンド
～景気は回復しているが、倒産・廃業も増加

「景気が良くなると、建設会社の倒産が増える」

建設業界はコロナ禍の影響も落ち着き、仕事はたくさんあって景気が良い、と言えます。しかし、２０２３年～２０２４年上半期にかけて、建設会社の倒産（破産などの法的整理）件数は過去にないほど増加しており、調査会社・帝国データバンクは「２０２４年は過去10年で最も倒産件数が増える」と予測しています。

なぜ今、建設会社の倒産が増えているのでしょうか？

- **建築資材費・物流費の高騰**
- **コロナ関連融資の返済開始**
- **税金、社会保険料の滞納（年金機構などによる督促）**
- **人手不足**

この4つが主な原因です。

特に増加しているのが「社員の転職・退職」をきっかけとした「人手不足倒産」。景気回復によって転職が活発化しています。全産業ベースですが、転職希望者は7年連続で増加しています。「転職35歳限界説」も薄れ、30代～50代の転職も活発化しています。

建設会社は社内に専任技術者と言われる国家資格者、経験者を常勤で配置しなければ建設業許可を維持できません。「人がいないと売上が立たない産業」と言われる理由です。

もし、資格を有する専任技術者が1人だけの小さな会社で、その1人が他社に転職してしまう、高齢のため引退してしまうとどうなるでしょうか？　許可を維持できず、事業を続けられません。人手不足倒産の8割は社員数10人未満の零細企業です。人手不足倒産は「低賃金で働く人が減ったから」と他業界では言われますが、建設業界に関しては「資格や技術を持った社員が転退職してしまう」ため倒産が起きています。建設業界は法令で有料人材紹介が制約されているにも関わらず、年間15～20万人が「縁故」「ハローワーク」などを通じて業界内で転職しています。10年で社員の4割弱が入れ替わる計算になります。

帝国データバンクの調査では2024年度、増収増益見込みの建設会社は22％と前年から増加。他方、減収減益見込みは24％で業績の二極化が進んでいます。景気回復の恩恵を受ける企業がある一方、成長企業に転職する人が増え、人材が流出した企業の業績が悪化しているのです。また、同じ県内でも格差は広がっています。たとえば長野県では富裕層の流入が進む軽井沢と、それ以外の過疎地域の格差が広がっています。

さらに業界全体に影響を与えているのが「２０２４年問題」、正確には「時間外労働の上限規制」です。２０１９年に施行された働き方改革関連法に基づき、長時間の残業・休日出勤（時間外労働）を規制し、違反した場合、罰則の対象にするものです（ただし、災害からの復旧・復興のための業務に限り、特例的に適用されない）。大企業においては２０１９年４月、中小企業では２０２０年４月から適用されています。ただし、建設、物流、医師に関してはこの法令の適用に5年の猶予期間が設けられました。その猶予が終わるのが２０２４年４月なので、２０２４年問題と言われています。

２０２４年問題の対策として、大手企業は新卒、中途人材を積極的に採用しています。当然ながら組織が大きいほうが早く仕事を終えて、交代で休めるケースが増えます。小さな組織ほど一人の人が複数の役割を兼務して業務が回っているので、休むことが難しく、休みを求めて人材が転職します。建設業界の給料や働き方については第7章でも詳しく解説します。

また、意外かもしれませんが、建設業界で今、倒産件数が多いのは「元請け」で工事を請けることが多い会社です。「建設会社は元請けから倒産する」のです。資材を仕入れるのは元請けが多いので、建築資材・運賃高の影響を真っ先に受けるんですね。そのため一次、二次請けの会社は元請けの「工事代金未払い」に備える保険に入ることもあります。

ALL ABOUT THE CONSTRUCTION BUSINESS COLUMN

重機女子インスタグラマー　Kaoriさん

テレビ朝日系番組『激レアさんを連れてきた。』の２０２４年3月放送回のゲストは「重機女子」ことKaoriさんでした。Kaoriさんは重機オペレーター（建設現場で重機を操作するプロ）として活躍されています。Instagramアカウントのフォロワー1万人を超えるインフルエンサーでもあります。

女性が増える建設業界をKaoriさんはどう見ているのかを取材しました。

「私は全くの未経験から重機に『一目ぼれ』してこの世界に飛び込んでいます。現場の男性はとても優しいですよ。女性だからと気を遣ってくれる方、女性だからと特別扱いをしない方、どちらも私は嬉しく感じています。きれいごとではなく、男性が作り上げてきたこの業界に1人の女性職人として居させてもらえることはとても私にとって居心地が良く、誇りに思えます。もっとこの業界に女性が増えてほしいです」

とKaoriさんは女性向けの発信を続けています。最近はInstagramのＤＭに建設業界に興味をもった女性たちから相談が来ることも多いそうです。

「トイレが近くになく、行きたいときに行けない。あったとしても男性と共用で、使い方がよくないため、とても汚いことがある」

とKaoriさんは現場の苦労として「トイレ問題」を挙げています。現場のトイレは個人のモラルの問題もありますが、元請けの管理が行き届いていない場合もあります。ただ、環境面の課題は女性が現場に増えていくと解決していく問題と考えられます。

「建設業には29工種ありますが、女性に向いている工種リストなども整備したほうがいい。資格制度などをネットで調べてもわかりにくい。いずれ帰国してしまう外国人に頼るより、もっと女性に活躍してもらったほうが業界的にもいいはずです」

とKaoriさんは指摘されています。また「女性に対するセクハラ」については、「建設業界に関わらず、危機察知能力が重要です。悪い人、会社とは付き合わない。資格、技術があれば転職も自由にできるのですから」

とコメントされています。

Kaoriさん　Instagramアカウント　@kao.ksk

第2章

ドローンから学ぶ土木工事の世界

Chapter 2 :
The world of civil engineering

ALL ABOUT THE CONSTRUCTION BUSINESS

1

ドローンと三次元データを普段使い　宮崎・金本組

第2章では「ドローン」を入り口に、土木工事について解説します。施工テクノロジーの進歩や能登半島地震をはじめとする災害復旧、「公共工事と談合の歴史」についてもふれます。

はじめに宮崎県宮崎市の土木工事会社、株式会社金本組の金本社長にお話を伺います。金本社長は3代目経営者で、23歳で入社、2020年に社長に就任されました（学生時代クラブのDJだった過去もあります）。金本組の創業は1955年。県内の建設業者の中でもトップクラスに古い会社です。そんな「古い会社」が取り組む最新のICT施工（情報通信技術を活かした施工）を見てみましょう。「地方の土建屋」のイメージが変わると思います。

金本組の三次元モデル

ドローンとスマホで現場を三次元モデル化

金本さんは金本組の施工について以下のようにお話しされています。

「ICTの第一段階が施工の機械化、第二段階がデータ活用、第三段階が施工の自動化です。うちは第二段階の実証実験中ですね。今進行している現場を例に出すと、ドローンを飛ばして現場を三次元データ化します。そのデータをもとにガイダンス機能が付いた建機で掘削作業を行います。その後、進捗はスマホのアプリで撮影、すぐに三次元データ化。現場から離れたオフィスでその進捗を確認します。発注者との打ち合わせ、プレゼンも三次元データをベースに行っており、相手が工事のプロでなくても工事の進捗やポイントがすぐわかるんですね」

では、なぜ金本さんはここまでICT化を進める決断を下したのでしょうか？　金本さんが経営に関わり始めたとき、会社は経営難。危機感を持った金本さんは仕事の選択肢を増やし、ICT化にも取り組み始めました。

「三次元データ化することで、若手社員でも早く現場に習熟しますね。二次元の図面から三次元の実際の工事現場を『脳内でイメージ』することは達人芸です。建設が経験工学と言われる背景には『二次元の図面から三次元のリアル』への展開が難しいことがあります」

金本さんは技術を活用することで「覚えるのを簡単に」しています。「黙って十年修行しろ」と言われてきた職人の世界も、技術革新で「修行期間を短くできる」のです。

金本組には20代の方からの職人の求人への問い合わせが、多いときは月10件以上あるそうです。新しい取り組みが採用においても重要なんですね。金本さんはノウハウを自社で抱え込むのではなく、県内の企業にICTを普及させる取り組みも進めています。

なお、ICT施工は国交省が2015年に「i-Construction」と名付け、徐々に普及してきました。しかし、一定の投資と習熟期間が必要なため、金本組のような先進的な会社はまだ一部に限られています。

テクノロジーをどう災害復旧に役立てるか

金本組のドローンや三次元データの技術は災害復旧にも役立てることができます。

「我々民間企業がドローンを活かして自治体の支援をすることが考えられます。災害復旧工事は県や市の職員が現場を直接見て、査定して予算化、そのうえで我々工事会社に発注します。被害の規模が大きいと、自治体職員の人手が足りず、査定ができないので、発注が行われず、我々工事会社は重機と人材がいるのに『待ち』になってしまいます。二次災害の危険があるため、自治体職員が近づけない場合もあります。そこに我々民間がドローンを飛ばして被害査定をする、などの活用方法が考えられます」

民間企業が自治体の査定のサポートをするなどの取り組みが他県では進んでおり、今後はこうした技術を活用した災害復旧が広がっていくでしょう。

俺たち土木会社の使命

宮崎では6月から地震、台風と災害が続いています。金本組は6月から災害復旧工事に従事されており、大変な中、取材に対応いただいています。そして6月、災害復旧工事の最中に、先代社長である金本さんのお父様が亡くなられました。

「父が亡くなる前日、宮崎市は大雨だったので、私はカッパを着て社員と道路規制に当たりました。父の通夜と葬儀の日も大雨で、現場の社員たちはカッパと喪服を用意して、交代で現場の対応に当たってくれました。大変でしたが、それでもやるのは『税金で飯を食ってきた俺たち土木会社の使命』だからです」

と金本さんは葬儀前後のことを振り返っています。

災害復旧に従事する建設会社のことはあまり報道されません。しかし、使命感を持って工事に当たる地域の工事会社のこともぜひ知ってほしく、最初に金本組の事例を取り上げました。

金本社長　Xアカウント　@nopoo0007

ALL ABOUT THE CONSTRUCTION BUSINESS

2

「文系」の若者が集まる土木工事会社　山形・新庄砕石

山形県新庄市の土木工事会社、株式会社新庄砕石工業所（新庄砕石）の柿﨑取締役管理部長にお話を伺います。新庄市の人口は３・５万人。県庁所在地の山形市からは自動車で１時間ほどかかります。そんな新庄砕石は経済学部などの「文系」大学卒の新人を毎年採用しています。ＳＮＳでの発信、３Ｄプリンター（立体物を印刷する技術）を活用した施工や書類業務のデジタル化にも取り組まれています。

地方の土木工事会社が大学生を採用できる理由

人手不足の中、新庄砕石はなぜ大学生を新卒採用できるのでしょうか。柿﨑さんは自社の採用について教えてくれました。

「地方の中小企業は経営者の気合しかないですからね（笑）『やれること全部やる』覚悟で

やっています。例えば、文系の学生でも施工管理業務に従事・資格取得ができるよう、独自にトレーニングセンターを開設するなど、投資もかなりしました。人材育成、デジタル化に積極的に取り組んでいることも人材確保の上では重要です。建設系の学科出身ではない入社三年目の社員が、国交省の安全発表大会で最優秀賞を受賞するなど実績も出ていますが、実際は苦労の連続です」

人口の少ない地元新庄市だけでなく、山形県内広域で採用するため、柿﨑さんはYouTuberとして情報発信にも注力されています。また新庄砕石には、教員から様々な職種を経て、現在は土木の現場に出ている中途採用の女性もいます。

災害復旧の現実

柿﨑さんの取材は2024年7月の予定でした。しかし、7月からの豪雨で山形県も大きな被害を受け、その災害復旧に新庄砕石さんは従事されています。そのため取材は8月に延期になりました。地域の建設会社の多くは各自治体と災害復旧に関する協定を締結しています。地域の建設会社がいち早く応急対応工事をすることで、二次被害を防いでいるのです。

「東京の大手ゼネコンさんは施工管理のみで、重機オペレーターなど職人は直接雇用し

深夜の災害応急復旧の様子

ていないことが多いです。そのため、現場での工事は我々のような地域の会社がやることが多いんですね。新庄砕石は１００名近い職人が在籍しています。土砂崩れなどの災害が起きていなくても、自治体の要請があれば、社員はいつでも出動できるよう交代で待機します。例えば、出動可能性のある社員には一斉にお酒を飲まないよう通知します。実際に土砂崩れなどが起きると、通常の業務を止め、災害の応急対応に出動します。今回の災害対応では社員はお盆休み返上で対応してくれましたよ」

と柿﨑さんは今回の災害対応について教えてくれました。

「経営者としては利益が欲しいのですが、正直なところ災害直後の応急対応の利益率は高くありません。通常の公共工事の方が利益率は高いですね。応急対応後、通常業務に戻り、遅れを取り戻します」

と柿崎さんは経営者として感じる課題を教えてくれました。現場の職人の待遇を良くしていくためにも、災害関連の応急工事でもしっかり利益が出るようにしていく必要があります。施工管理の待遇はこの10年でかなり改善しました。今後は現場の職人の待遇改善が重要です。柿崎さんは「地方公務員より待遇の良い職人を増やすこと」の重要性を指摘されていました。

これからの熱中症対策

8月は山形も暑いです。公共工事では土日休みになるとその分の経費を負担する、熱中症対策予算も認められるようになるなど、以前と比較するとかなり改善しました。空調服（ファンのついた作業服）なども以前と比べかなり良いものが販売されています。しかし、柿崎さんは、

「もはや装備で耐えられるレベルの暑さではないんですよね。土木工事は基本屋外です。熱中症の多い7~8月の公共工事は思い切って15時までにするなど、職人の命を守る観点から、さらに踏み込んだ取り組みが必要です」

と提案されています。

厚労省の統計では60歳以上の職人ほど熱中症で亡くなるリスクが高いことがわかっています。中東諸国では夏季は早朝から作業を開始し、正午から16時までは生命にかかわるため屋外作業禁止です。日本も「砂漠の国」の法律を参考に真夏の屋外作業を考える時期に来ています。

ALL ABOUT THE CONSTRUCTION BUSINESS

3

土木工事のトレンド 談合から入札不成立の時代へ

目立ちませんが、土木工事などの「日常を守る仕事」は大きなお金が動きます。建設投資の統計を見ると土木工事の75％が国、自治体が発注者の公共事業です。これまでの事例のように災害復旧工事、防災のための工事も公共事業の主たる役割です。民間土木工事も鉄道、ガス、電力関係など、インフラ（社会基盤になる施設や設備）が中心です。東急、京王などの大手鉄道会社もグループに建設会社があります。

「壊れたから直す」災害後の復旧だけでなく、「被害を最小にする」耐震化工事や災害に強い通信インフラなどの防災、減災の対策なども進められています。

災害の多い日本では、底堅い需要があり、社会的意義があるのが土木工事です。

老いる橋・トンネル・水道管

一見頑丈に見えるコンクリートにも寿命があることはご存じでしょうか？　インフラの多くはコンクリート（コンクリ）構造物です。コンクリの寿命は短いもので30年、長いもので50～１００年。厳寒、炎天下による乾燥、潮風などでひびが入り、劣化していくので、コンクリが置かれた環境により寿命は変動します。

橋、トンネルなどのインフラの多くは高度経済成長期に作られています。国交省試算によると道路橋の約75％、トンネルの約53％、下水道管の約35％が２０４０年に建設後50年以上が経過します。

南海トラフ巨大地震、首都直下型地震のリスクが懸念される中、「老いたコンクリ」では地震や水害に耐えられません。コンクリ構造物の強度点検や、強度を高める予防保全に国交省や各自治体は取り組んでいます。

談合から入札不成立へ

「公共工事＝談合」のイメージをお持ちの方もいるかもしれません。談合とは公共工事の入札の参加者同士が、事前に落札者と価格を決める不公正な話し合いのことです。競争原理が働きにくくなり、工事価格が高くなるので、税金の無駄使いにつながる、とされています。

1993年、公共工事に関わる贈収賄事件で大臣や知事、市長が次々逮捕される「ゼネコン汚職」がありました。その際、一斉に「公共工事批判」の報道がなされました。そこで、2006年にゼネコンの業界団体が旧来のしきたりと決別する「脱談合宣言」をすることになります。

「脱談合宣言」から18年。リニア中央新幹線をめぐる談合などが時折報道されますが、実態として起きているのは公共工事にどの会社も手を挙げない「入札不成立」の増加です。工事をする会社が決まらず、観光施設や学校などの施設の工事の遅れ、計画の見直しなどが全国的に進んでいます。資材価格、人件費の上昇に伴い、自治体が決める価格で入札しても工事会社側が利益を確保できないため、どの会社も入札しないのです。工事会社側も地方を中心に人手不足なので、遠方から職人を呼ぶ必要があり、出張費分、コストは上がっていきます。

談合は「仕事量に対して建設会社が多すぎる」ために「各社に仕事を分配する」目的で発生します。そして、建設業界の人手不足、高齢化が進んだ結果、談合ではなく「誰も工事をしない」現象が起きるのです。自治体の予算も限られているので「全部の橋を直す」ことは難しく、「直す橋の選別」「安く直すためのテクノロジーの導入」が求められています。

ALL ABOUT THE CONSTRUCTION BUSINESS

4

インフラテクノロジーと就職氷河期世代問題

建設業界はテクノロジーを活用し、インフラ修繕の効率化を進めています。例えば劣化コンクリの点検は打音検査と言われ、人がハンマーでコンクリをたたき、その音で浮き、剥離箇所を目視検査する「職人芸」でこれまで行われてきました。ここ10年で超音波などを活用した非破壊検査（コンクリを壊さない検査）が普及しています。

また、橋のコンクリが劣化している場合、解体してゼロから橋を作ると莫大なコストが発生します。橋を解体・新築する場合、工事期間中は通行止めになるので地域住民にも広く影響が及びます。そこでコンクリのひび割れに樹脂などを注入し、コンクリートの耐力を回復する「注入工法」「充填工法」が10年以上前に実用化されています。その中の一つが特許工法でもあるＩＰＨ工法（内圧充填接合補強工法）です。

写真のように注射器に似た注入器から樹脂をコンクリ内部に「注射」し、植物の葉脈に養分が行き渡るように樹脂を充填、コンクリのひび割れを防ぎ、防錆、増強効果があります。解体・新築する場合と比べ、安く、早く工事ができ、橋を通行止めにする必要もありません。

「理系」公務員が足りない

このように新工法が次々と開発されているのに、新工法が採用されるのは国、県が管理する橋が多く、市町村の管理する橋の工事では採用が進んでいません。

背景には土木部門の技術系公務員の人手不足があります。国交省試算では市町村における土木部門職員は14％減（2005年と2021年で比較）。災害が頻発する中、全国の市町村の25％は技術系職員が1人もいません。就職氷河期世代と言われる世代が就職活動をしていた1993年～2005年に新卒採用が絞られたことがきっかけとなり、1994年から地方公務員の数は減り始めます。

2005年～2010年にかけ、「官から民へ」のかけ声のもと、行政の担っていた業務が次々と民間に切り替えられ、地方公務員はさらに減っていきます。この時期「公務員たたきは選挙で票になる」と政治や報道の世界で言われていました。数が減っただけでな

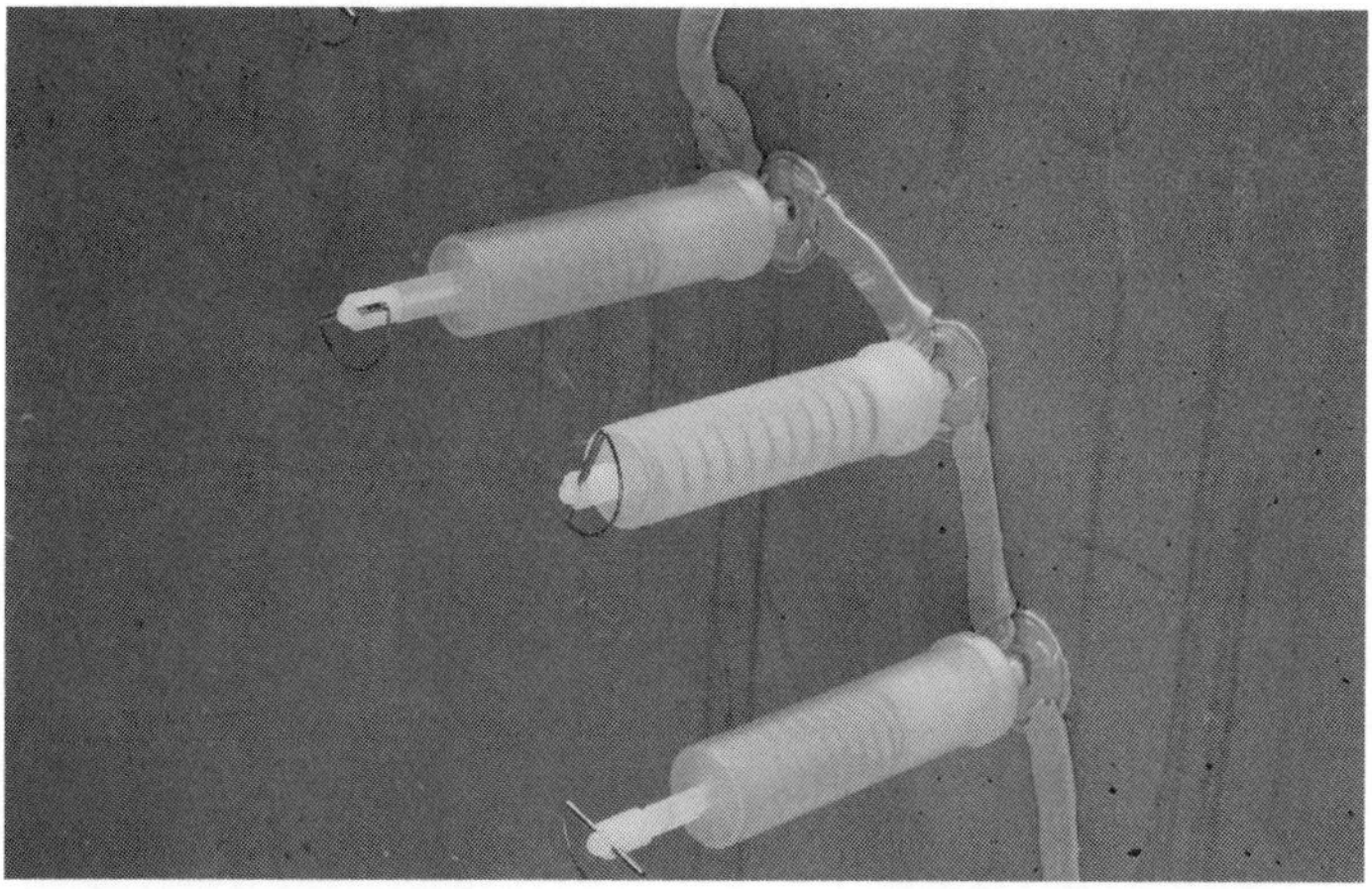

ＩＰＨ工法　樹脂注入の様子

く、非正規雇用公務員もこの時期増えていきます。特に技術系公務員に関しては、直近15年、大学の工学部などの「理系」学部が減り、「文系」学部が多く新設され、「理系不足」が起きていることも影響しています。

新工法があるのに、役所側で判断できる技術系職員がいないので「前例と同じ古い工法でお願いします」と工事会社に言わざるを得ない。工事会社も古い工法では利益が出ません。結果、市町村の工事が進まないか、民間の建設コンサルタント会社に判断を頼ることになります。

国交省の発表によれば２０１４～２０１８年度に実施した橋の点検で、５年以内の補修が必要とされた橋のうち、市町村の管理する2割近くが補修未着手であることがわかっています。国やNEXCOなどの高速道路会社が管理する橋はすべて補修に着手しており、市町村での遅れが目立ちます。同じ橋でも管轄が「国や県」「市町村」で大きく状況が違うのです。

近年、地方自治体では氷河期世代の人材の中途採用を積極的に進めています。しかし、40代の中堅層が薄い組織構造を大きく変えるほどのインパクトにはなっていません。多くの自治体で50代のベテラン職員が直接、20代の若者を教える、という構造になっています。特に災害対策は経験に支えられるところがあります。ベテラン職員が少ない小さな自治体では、災害後の現場に未経験の若手職員が配置され、建設会社との専門的なやり取りに戸惑う、という現象が起きています。

災害の後、「役所の職員が来ない」「復興が遅い」という被災者の不満が報道されますが、決して行政機関が手を抜いているわけではありません。今の災害復興の遅れの「伏線」として20年前の「就職氷河期をきっかけにした公務員の減少」「公務員たたき報道」「理系不足」があります。

公務員の数を急に増やすことは現実的ではないので、解決策としては、広域で災害復旧のノウハウや人材を共有し、技術系職員のいない自治体を支援する、金本組、新庄砕石のような技術を持った民間企業、研究機関との連携を強化するなどが考えられます。

ALL ABOUT THE CONSTRUCTION BUSINESS

5

能登の災害復旧はなぜ遅れるのか？

私も東日本大震災で被災していますが、日本に暮らす以上、誰もが被災するリスクを抱えています。世界で発生するマグニチュード（地震の大きさを示す単位）6以上の地震の約2割が日本周辺で発生します。また、防災白書によれば地震だけでなく、台風、火山、豪雪といった災害が日本は起きやすいため、世界の災害被害額の約2割が日本に集中すると言われています。

２０２４年元旦に起きた能登半島地震の事例から、日本の災害復旧と建設業界の課題を考えます。

中越地震と能登半島地震の比較

「能登は復旧が遅れている」と言われますが、具体的にどの点がなぜ遅れているのでしょうか？　能登半島地震と同様に日本海側で発生し、最大震度が近い２００４年の新潟県中越地震（中越）と能登半島地震（能登）で復旧期間を比較します（※）。

災害から１５０日後の復旧という観点で能登と中越を比較すると、

・仮設住宅の入居完了
・公共土木の災害査定の終了
・上下水道の復旧

などの項目で、能登の方が中越より復旧が遅れています。中でも能登は、

・半島の先端部が震源地だったため、道路が途中で寸断され、救援救助が難しい
・多くの消防や警察が休みの元旦に起きた
・老朽化した水道管が地震で破壊され、生活に不可欠な水が届きにくい

などの要素が絡んで、より復旧を難しくしています。

全国の自治体の水道部局職員が輪島市などに救援に駆け付けましたが、宿泊場所も限られ、金沢市などから往復10時間かけて被災地に通った局員もいるそうです。

能登で起きた問題は全国どこでも起こり得ます。豪雨災害でも、過疎化の進む地域で復旧が長引く傾向があり、人口減少に伴う人手不足、財源不足により災害後の迅速な回復が困難になっていくリスクが専門家に指摘されています。

公費解体の「法律」のハードル

能登半島地震で8万棟以上の住宅に被害が出た石川県。倒壊家屋のがれきが邪魔で、工事車両が入れないなどの問題が起きています。公費解体は自治体が費用を負担し、所有者に変わって被災家屋の解体などを行う制度です。しかし、2024年9月時点で公費解体が完了したのは申請の16％にとどまっています（石川県発表）。

あまり報道されませんが、大きなハードルは「法律」です。家は個人の財産（憲法に定められた個人の財産権）なので、行政の判断だけで「復旧の邪魔だから」と合意なく解体することはできません。被災家屋の公費解体をするためには、行政が一軒ずつ所有者と合意しなければなりません。

では「相続人不明の家」が地震で倒壊したとき、誰が行政と合意するのでしょうか？建物の所有者が既に死亡し、名義が相続人に変更されていない場合、原則、公費解体に当たって民法上の相続権を持つ全員の同意が必要になります。所有者が亡くなってから時間が経った家の場合、全員の同意を得ることは困難です。そこで環境省と法務省は5月、全壊などで建物の機能が明確に失われた場合、所有者全員の同意がなくても市町村判断で解体できる、という通達を出しています。しかし、半壊・一部損壊の場合は従来通り所有者全員の同意が必要です。

１９９５年の阪神・淡路大震災以降、日本の災害関連の法律は順次改正されていますが、それでもなお、頻発する災害と相続問題に法律が追い付いていないのです。２０２４年４月からの法改正で、相続した土地建物の登記（行政への届け出）が義務付けられましたが、我々にできることは法律を確認し「所有者不明の家」を作らないことではないでしょうか。

また、法的なハードルをクリアし、公費解体の工事をする段階になっても、今度は解体工事業者不足が発生します。私が取材した他県の解体工事会社によれば「能登の家屋解体を依頼されても、全く利益が出ないので、大変申し訳ないが断らざるを得ない」とのこと。

※2024年6月27日付日経新聞記事「能登半島地震で長引く復旧」

ALL ABOUT THE CONSTRUCTION BUSINESS

6

壁を印刷？土木工事×3Dプリンターの今

人手不足を乗り越えて災害復旧を加速するテクノロジーの一つ、3Dプリンターを本章の最後に紹介します。株式会社Polyuse（ポリウス）は国内唯一の建設用3Dプリンターメーカーです。建設用3Dプリンターは特殊なモルタル（建築材料の一種）をノズルから吐出し、構造物を「印刷」する新技術です。「ケーキの生クリームを絞り出す」ように材料が「うにゅっ」と機械から絞り出され、硬化します。

一般的な鉄筋コンクリート（RC）造構造物は職人が人力で鉄筋と型枠（金属製、木製のコンクリート成型用の枠のこと）を組み立て、そこにコンクリを流し込んで作ります。鉄筋と型枠の工事は日陰のない屋外で行われるため、炎天下や厳寒での作業は職人の仕事の中でも特に過酷です。そのため、職人の高齢化が進む中では早期に省力化が求められる

3Dプリンターでの印刷の様子

領域です。

　3Dプリンターによってこの型枠の作業が不要になり、工期の短縮、省人化などが期待できます。同社の技術は既に国交省発注の公共工事でも活用されています。共同代表の岩本さんにお話を伺いました。

災害復旧など公共工事での活用

　同社は新庄砕石と共同で山形県の国道の災害復旧工事（落石防護柵設置のための基礎となる擁壁）を3Dプリンターを使って施工しています。新庄砕石敷地内で約一ヶ月間、部材の造形・印刷を行いました。通常の工法だと82日かかる工期が3Dプリンターの活用で43日と約半分になり、さらに型枠職人の工数も大幅に削減できたそうです。

「3Dプリンターの真骨頂が災害復旧です。被災地をドローンで調査、映像から3Dデータを生成、全国で部材を印刷し、被災地に輸送すれば復旧工事が早く済みます」

と岩本さんはその意義を強調されています。

また、地方の公共土木工事に着目されている理由として、

「これまで100件以上の3Dプリンター施工を行ってきましたが、公共工事が6割です。地方は人材の流出が進み、型枠職人も不足しています。そのため3Dプリンターを活用した工事のニーズがあるんです。また、大手や異業種を経験した30〜40代の2代目、3代目社長、役員がいる土木工事会社は新しい技術の活用にも前向きです」

と説明されていました。

住宅を「印刷」する未来はあるのか？

米国では既に3Dプリンターによる住宅団地の建設が進んでいます。日本では土木工事分野で活用の進む3Dプリンターですが、住宅を「印刷する」未来は来るのでしょうか？

岩本さんによれば、

「住宅分野での活用はコスト要因でまだ難しいですね。3Dプリンターは人件費の削減に

なりますが、材料の価格がまだ高いんです。日本ではまだ3Dプリンターを使った施工が始まったばかりで、材料の流通量が少なく、既存のコンクリートの工法と価格を比較した場合、型枠職人の人件費を加味してもまだコンクリートの方が安いんです。日本でも材料の流通量が増えると変わるかもしれませんが。それに広い土地に平屋を建てる米国と、狭い土地に2〜3階建てを建てる日本では、住宅を建設する条件が全く違います。住宅分野では外構工事など一部分での活用にとどまっています」

とのことで、残念ながら日本の住宅での3Dプリンターの普及はこれからのようです。住宅ではありませんが、高知県芸西村の「サウナメランジュ」のサウナは同社の3Dプリンターで印刷されています。日本では住宅以外の観光施設、公園遊具、モニュメントなどでの3Dプリンター活用が先行して進んでいます。型枠を使ってコンクリート構造物をつくる場合、直線の形になることが多いのですが、3Dプリンターの場合、曲線など複雑な造形が可能なため、曲線の工事が求められる現場で導入が進んでいます。

テクノロジーに法律が追い付かない

3Dプリンター住宅が普及しない背景に法規制の問題もあります。現行の建築基準法が、ビル、住宅の壁や柱といった「構造耐力上主要な部分」（建物に作用する荷重を負担する部分）に３Ｄプリンターのモルタルを使うことを想定していません。３Ｄプリンターで住宅を作っても、建築基準法に定められた特別な許可を取得する必要があります。このように新技術に法律が追い付いていない点もあり、同社は政策提言活動もされています。

岩本共同代表　Xアカウント　@bonsan0816
株式会社Polyuse　Xアカウント　@polyuse

ALL ABOUT THE CONSTRUCTION BUSINESS COLUMN

建設YouTuber　石男くん

本章で紹介した新庄砕石の柿﨑さんは最新の業界動向などを発信する「石男くんの建設チャンネル」を運営するYouTuberでもあります。「昨日よりも面白く！」を合言葉にチャンネル登録者数は１・８万人。業界関係者の多くがフォローしています。私も定期的にコラボして出演しています。柿﨑さんは大学時代ボクシングでオリンピックを目指していたアスリートでもあり、私と柿﨑さんはよく後楽園のボクシングの試合を見に行っています。

柿﨑さんは２０２０年、コロナ禍をきっかけにYouTubeの発信を始めています。

「現場が止まったのでそこでやってみようと。会社が砕石業なので会社のキャラが『石男』なんですね。それで『石男くんチャンネル』。他業界では当たり前のＳＮＳも、建設業界ではまだブルーオーシャンです。他業界との人材獲得競争が激化する中、建設業も当然にやるべきと考えています。この10年で建設業は待遇面もいろいろ改善してきましたが、その事実が知られていません。が、最初は反響が全くなく、1本の動画の再生数が4回なんてことも。家族しか見てない（笑）。でも継続することで今は1本の動画で数千～数万の再生数です。採用面でも有効で、うちを受けに来る人の多くはSNSを見ています」

柿﨑さんのSNSは本業でもプラスになっており、例えば先述の3Dプリンターの Polyuse（ポリウス）はSNS経由でつながり、新庄砕石と取引を始めました。

コロナ禍は建設業界にも大きな変化をもたらしました。コロナ禍をきっかけに年配の方も含めて多くの建設業の方がZoomを使えるようになりました。これで一気に日本中の会社が地域を越えて連携するようになったのです。

「富山、山梨、山口など遠方の同世代の経営者とLINEグループを作って意見交換をしながら経営をしています。こういった全国的なネットワークの広がりについていけるか、情報感度が経営者として重要になってきています。バブル期の『人や仕事が多かったころの延長』で考えている人がまだいるのではないでしょうか。まずはやってみる、行動力で頭一つ抜けることができる業界です」

と柿﨑さんは経営における情報発信の意義を強調されています。

「そろそろ建設業界、洗濯しないといけません。根本を変えないとダメです。10年でよくなったとは言え、延命治療しているだけ。建設業界の土壌そのものを変えないと、本当にインフラの維持ができなくなり、国民生活が危うくなります。そのため私も参加している『インフラファーマーズ（In.F）』は、内閣府の戦略的イノベーション創造プログラム（SIP）にも参画し、業界全体の土壌を変えることを目指しています。先日もIn.Fでは1万人規模のアンケートを実施し、現場の声を拾い上げ、政策提言をする準備にとりかかっています。建設業界をこれから革新的によくしないといけません」

と柿﨑さんは自社だけでなく、業界全体の未来を見据えて活動しています。

石男くんの建設チャンネル　Xアカウント　@Stoneman_ISHIO
YouTube　@construction-Youtuber

第3章

タワマンから学ぶ
ビル・高層建築の世界

Chapter 3：
The world of skyscraper

ALL ABOUT THE CONSTRUCTION BUSINESS

1 タワマンと建築士について ゼネコンの人に聞いてみよう

第3章では「タワマン」ことタワーマンションを入り口に、ゼネコンの役割、ビル建築に欠かせない電気工事士や左官職人などについて解説します。皆さんがお住まいのマンションをどういう人達が作っているのかに焦点を当てています。

最初にゼネコンの方のお話を聞いてみましょう。戸田建設ビジネスイノベーション部・共創投資課・課長の斎藤さんにお話を伺いました。斎藤さんは建築系の大学院を卒業後、ゼネコン戸田建設に入社しました。現場での施工管理を経て、現在は本社にてスタートアップとの協業を担当しています。一級建築士でもあります。

ゼネコンから見たタワマン

東京や大阪ではあちこちでタワマン（一般的には最高階数20階以上の超高層マンション）の建設が進んでいるように見えますが、実態はどうなのでしょうか？

「タワマンは1997年の建築基準法改正によって供給が増加。供給棟数は実は2007年がピークです。今後タワマンは、大都市中心部や駅前の再開発などで供給が増加する地域も一部ある見込みです。木造住宅が密集する地域は火災に弱いため、国や自治体の方針で再開発を促して、その一部はタワマンに建て替えられたりします」

と斎藤さんは説明しています。本格的にタワマンが増え始めてから実質25年くらいで、既に2007年で供給のピークを過ぎていたんですね。タワマン総供給戸数は東京都、神奈川県、大阪府に7割弱が集中しているそうです。

建築士にもいろいろある

2023年のTBSドラマ『マイ・セカンド・アオハル』で広瀬アリスさん演じる主人公は、社会人経験後、大学の建築学科を受験し、建築士を目指します。他にも建築士を主人公にした作品は一定数あり、そのため私も建築士資格について聞かれることが度々あります。建築士と言えば隈研吾氏などの著名建築家のイメージが強いですが、果たして実態はどうなのか。斎藤さんに聞いてみました。
「独立して個人事務所（建築家個人の作家性を強く反映した設計事務所をアトリエ系と呼ぶ）を構える建築士もいますし、日建設計のような組織系建築設計事務所もあります。また、私のようにゼネコン所属の建築士もいますし、ハウスメーカーで住宅を設計している方もいます」

建築士資格について補足します。ごく小規模のものを除き、建築物の設計、工事監理は建築士免許が必要です。監理は工事が設計図書通りに実施されているか確認することです。施工管理が行う「管理」とは同じ「かんり」ですが別物です。

建築士は国交省所管の国家資格で一級建築士、二級建築士、木造建築士の3種類があります。一級建築士は学校や病院などの建築物で延べ面積が500平米を超えるものなど、大型の建築物の設計ができます。上位資格として構造設計一級建築士、設備設計一級建築士の免許があります。二級建築士は鉄筋コンクリート造で延べ面積が30平米を超えるものなど、住宅や小さなビルの設計ができます。

建築士資格に合格するのは簡単ではありません。一級建築士の合格率は10％程度、二級建築士の合格率は25％程度です。さらに、受験するための受験資格も定められており、例えば一級建築士の場合は、大学や短期大学などで建築系の学科を卒業するか、二級建築士の資格を取る必要があり、合格までの道のりがとても長いのが特徴です。

なお「建築家」は、資格の名称ではなく、建物や空間の設計を行うプロフェッショナルの職業的呼称で用いられています。

ドラマなどでたまに「設計士」という単語が出てきますが、斎藤さんによれば、「設計士という資格は存在せず、設計をしている人をそう呼ぶだけなので、建設業界では設計士という呼称はあまり使いません。ただ、建築士の資格の勉強をしながら設計のアシスタントとして設計に携わっている人を設計士と呼ぶこともあるようです」とのこと。

設計をお願いする場合

斎藤さんに読者の方が戸建住宅以外の少し大きめの建物の設計と施工を依頼する側になった場合を想定して、「工事の発注の仕方」を整理していただきました。

まず、設計を相談する先として、主に「アトリエ系建築設計事務所」、「組織系建築設計事務所」、設計部門をもつ「ゼネコン」の3通りが存在します。相談したい建物によってどの種類の設計者に相談しなければならないというルールはなく、発注する側が最も相談しやすい相手を選ぶのが好ましいでしょう。

意匠性（デザインなど）ある建築物、例えば美術館・文化施設・本社ビルなどの設計を相談したい場合は「アトリエ系設計事務所」が候補に挙がります。「アトリエ系設計事務所」は建築家の作家性や作品性を追求するところも多いため、予め候補とする設計事務所の作風について研究しておくとよいでしょう。

意匠性の他に信頼性や経済性、機能性のバランスも重視したい場合や、一万平米を超える大規模な建築物を相談する場合は、「組織系設計事務所」や戸田建設のような設計部門をもつ「ゼネコン」が候補に挙がります。「組織系設計事務所」には、大手だと例えば日建設計、NTTファシリティーズ、三菱地所設計、日本設計、久米設計など多様な事務所があり、この規模の建築設計事務所だとどのような用途でも対応しています。設計部門をもつ「ゼネコン」に相談する場合のメリットは、設計も施工もセットで依頼できる点が挙げられます。

近年は、資材費や労務費が上昇しているため、建築プロジェクトのコストコントロールも難しくなっています。そのため施工まであわせて相談できるゼネコンに依頼するケースが増えています。

建築士というと「アトリエ系建築設計事務所」のイメージが強いですが、斎藤さんはなぜゼネコンを選んだのでしょうか。

「例えば美術館のように意匠性の高い建築物が求められることもありますが、現実は工場や倉庫、オフィス、病院、建築物のリノベーションなど、機能性や経済性を重視する用途の建築物の方が件数は多いですからね。私も学生時代『アトリエ系建築設計事務所』に憧れたこともありましたが、大規模なプロジェクトに携わりたい思いからゼネコンの技術者を進路として選択しました」

とのことでした。資格取得を目指している学生さんは参考にしてみてください。

ALL ABOUT THE CONSTRUCTION BUSINESS

2

ビルができるまでに関わる人々

本項では設計されたビルがどのように建築されるのか、現場監督（施工管理）の仕事について、引き続き戸田建設斎藤さんにお話を伺います。

ビルができるまで

建築プロジェクトは次のように、企画設計、契約、施工、アフターケアの流れで進んでいきます。登場人物は以下のように多岐に渡ります。

- **企画段階：不動産デベロッパーなどの発注者、コンストラクション・マネージャーなど**
- **設計段階（設計図面を作る）：建築士（意匠、構造、設備）など**
- **施工段階（実際に建物を作る）：ゼネコンなどの施工管理者、専門工事会社の技能者（職人）、建材・設備メーカーなど多岐に渡る**

図1　鉄筋コンクリート造の分譲マンションの工事費構成の例

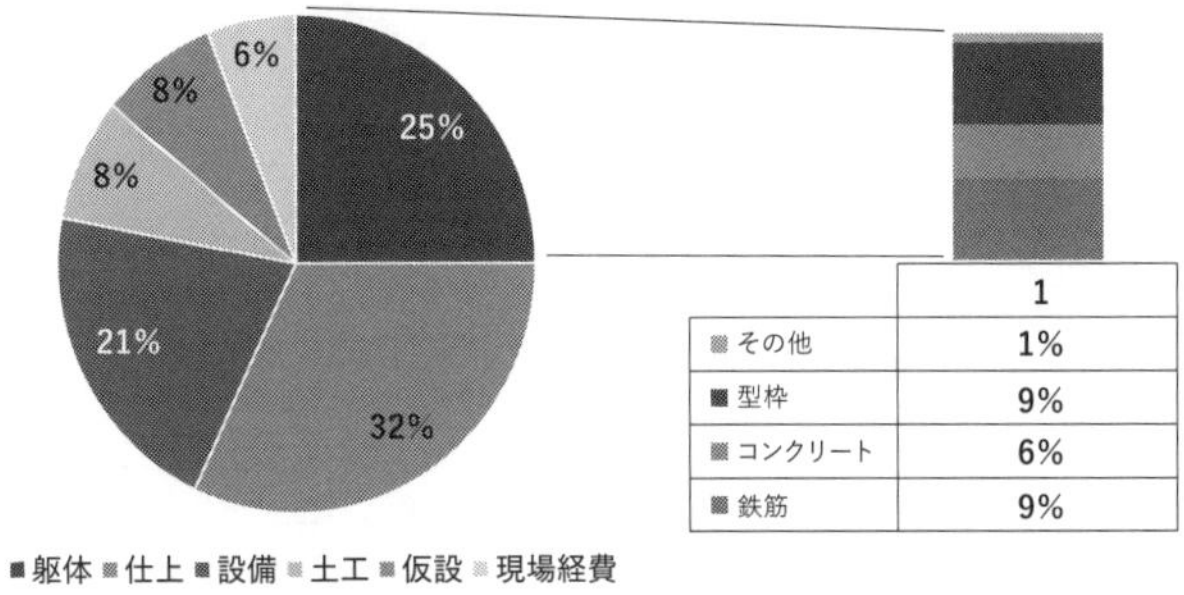

彰国社「図表でわかる　建築生産レファレンス」

・アフターケア：建物管理会社、メンテナンス会社

建てるときだけではなく、建てた後のメンテナンスも重要です。

工事費の構成を鉄筋コンクリート造の分譲マンションを例に示すと図1の通りになり、躯体が2割5分、仕上げが3割、設備が2割程度です。

躯体はコンクリート工事や、それを構築するための型枠工事、鉄筋工事などですね。設備はエレベーター工事や、電気工事、通信工事などの機械・電気系や、バス、トイレ、キッチンなどの水回り工事関係の衛生系、空調設備工事やそれに付随する配管工

事などがあります。仕上げは壁や天井、床の工事など皆さんの目につきやすい部分です。目に見えにくいですが、建物を支える上で重要な柱や梁、床スラブなどを構成する鉄筋、コンクリート、電気などの構成比が大きいんですね。躯体は構造や耐震性など、建物の安全性に関わる部分なので金額が大きくなります。設備も例えば消防設備は消防法上重要なものなので、法令上定められた機械設備が取り付けられます。

工事には非常に多くの会社が関わるので、それを調整、管理するのがゼネコンの施工管理です。

施工管理者の役割

工事を管理する現場監督を施工管理者と呼びます。施工管理者はそれ単体で国家資格になるほどの知識が必要です（建築施工管理技士という資格があります）。具体的には工程、原価、品質、安全、士気、環境（英語のアルファベットを取ってQCDMSEと言います）を管理します。

まず工程管理ですが、重機、資材、専門工事会社といった様々なプレーヤーのスケジュールを調整し、工期に間に合わせます。「段取り」とも呼ばれます。工種によっては天候によってこの日程が大きく変わります。

原価管理は資機材費、外注費などを管理することです。段取りを誤ったり、決まった品質基準を満たさない場合には「手戻り」が発生しコストの増加要因になるので、指示の伝達ミスなどが起きないようにする必要があります。

品質管理は設計図書通りの品質を満たしているか、確認、試験、記録を行うことです。設計図書だけでなく、法令で定められた様々な基準も理解する必要があります。

安全管理は事故なく工事を終わらせることです。日々の巡回で危険個所の把握をし、朝礼で注意喚起などを行います。現場に安全設備が備わっているかの確認、指示もします。最近は女性施工管理者も増えています。「職人に現場で指示を出している姿がカッコいい」という声もあります。

工事には多くの会社が関わります。戸田建設は元請けですが、一次請けの企業（協力会社）との関係も少しずつ変化しています。

戸田建設は2023年に「協力会社に選ばれるゼネコン」を目指すべく、協力会社組織の利友会（りゆうかい）や取引先約5000社にサプライチェーン（供給網）全体の改善のために満足度調査をしています。

ALL ABOUT THE CONSTRUCTION BUSINESS

3

〝バリバリ文系〟の電気工事のプロの話

建設職人でも数が多いのが電工こと電気工事士です。電気工事の対応範囲は広く、発電所、工場から家のコンセントまであります。ソフトバンクなどの大手通信会社もグループに電気・通信工事会社があります。

そんな電気工事の世界を紹介してくれるのが、@イシさん（Xアカウント名）です。イシさんは電材（電気工事で使う資材）商社から電気工事会社へ転職。その後独立して電気工事会社の社長に就任。現在は別の会社で電気工事事業部を一から立ち上げ、工事部長として活動しています。また電気工事の新人向けの情報発信や見積研修などもしています。

教育学部から電気工事士になるまで

『バリバリ文系』の教育学部出身で実は教員免許も持ってるんですよ。実家が電気関係だったこともあって、新卒では電材商社に入社しました。そこから電気工事士の資格を取得し、電気工事会社に転職しました」

と、イシさんは教えてくれました。そんなイシさんはどのように資格の勉強をしたのでしょうか。

「最初は商社で働きながら『第二種電気工事士』を取得しました。この資格は低圧（600V以下）の電気工作物に関する工事を担えます。一般家庭や小規模店舗の場合は低圧が多いので、この資格で工事ができます。この資格は卒業学科や実務経験に関係なく、誰でも受験が可能なんです。学科試験（電気工学科を卒業した場合は学科試験免除）と技能試験があり、試験は年2回。学科試験の合格率が50～60％、技能試験の合格率が60～70％付近です」

実はこの第二種電気工事士、小学3年生が合格した事例もあります。

建設業界の資格取得を目指す場合、「日建学院」などの資格試験予備校に通うことがありますが、イシさんは予備校には通われたのでしょうか。

「予備校には通っていません。仕事の合間に過去問の勉強と実技の練習で合格しました。

電気に関する基礎理論、配線図などをきちんと勉強すれば、文系の私でも学科は問題ありません。電圧などの計算で数学も多少使いますが、微分・積分レベルの高等数学は使いません。技能は40分の試験時間中に図面通りに配線工事をする試験です。技能をどこで身に付けるかですが、商社の取引先が電気工事会社だったので、私は取引先に習いました。練習環境のない方でも最近はYouTubeなどで解説動画がありますよ」

とのことでした。第二種電気工事士を取得後、イシさんは第一種電気工事士（第一種）を取得されています。

「第一種を取得すると最大電力500kw未満の工場やビルの工事に従事できます。第一種の試験は実務経験がなくても受験できますが、免状（免許）の取得には3年以上の実務経験が必要になります」

電気工事の現場

私の体感だと電工は建設業界の中でも「インテリ」のイメージがありますが、実際の現場はどうなのでしょうか。

「電気工事会社の経営者はたまに体育会系の方もいますが、現場の技術者は真面目な人が多いですよ。『やんちゃ』な見た目の人は少ないですね。女性技術者ですが、店舗内装など、そこまで重いものを持たない現場に一定数います。しかし、工場やビルの新築工事など、電線や配管材など重いものを持たなくてはならない現場は、男性技術者が多いです」

電気工事士の働き方はどうなのでしょうか？

「電気工事は屋外の仕事も多くありますが、建築・内装の電気工事は室内が比較的多いです。ただ、電気が通る前のビルの現場は空調なしなので涼しくはないです。働く時間は会社の営業方針に大きく左右されます。ビルや工場を停電させる改修工事を請けている会社の場合、夜間の工事もあります。新築の案件を多く請けている会社の場合、あまり夜間はありません」

電気工事士の将来性

「第一種、第二種電気工事士とも、高齢の有資格者の引退が懸念されていて、若手の資格者は歓迎されます。特に工事技術者の人材不足は顕著で、今後その傾向はますます強くなるでしょう。地味ですが手堅い資格と言えますね」

とイシさんは電気工事士の将来性について教えてくれました。

@イシさん　Xアカウント　@bello123456789k

ALL ABOUT THE CONSTRUCTION BUSINESS

4

ビルは人の手で仕上げる左官職人の世界

ビル建築に欠かせない職人が左官です。左官は建物の壁、床をこて（鏝）を使い、人の手で塗り仕上げる職人を指します。左官の歴史は古く、鎌倉時代に宮中の営繕を行う職人に官位が与えられ、それが職人の呼び名になったとされています。ちなみに「右官」は木を扱う大工などです（諸説あり）。

電気、土木など他の職人と比較して左官は最も高齢化が進み、減少が危惧される職種です。他工種と比べて一人親方や規模の小さな会社が多く、価格交渉力が弱いため、単価などの面でも不利になりがちな工種です。他方で、機械に頼らず腕一本で勝負する、最もＡＩに置き換えられない工種とも言えます。

そんな左官の世界について株式会社ＡＲＴ ＲＡＩＳＥ（アートレイズ）に取材しました。同社は神奈川中心にマンションなどの現場の左官工事をしています。建設業界を描いた漫画『解体屋ゲン』でも紹介された会社です。

左官工事にはいくつか種類があります。

①コンクリート仕上げ左官（ビルの壁や床など）
②一般住宅向け左官
③デザイン系左官（店舗の内装など）
④寺社など伝統建築系左官

左官というと③のデザイン系のイメージが強いですが、実際、デザイン性の高い物件は多くなく、アートレイズのような①のコンクリート仕上げに従事する左官の方が多いそうです。

アートレイズの仕事を理解するためには鉄筋コンクリート構造（RC）の建築物の工程を理解する必要があります。RCは主に木製の板で作られた型枠にどろどろのコンクリートを流し込んで（この工程を打設と言います）作ります。ミリ単位の精度が求められる工事ですが、人の手で作業するので、すべてがきれいに仕上がるわけではありません。しばしば固まった後のコンクリの表面が「ボコボコ」になる場合があります。ボコボコのコンクリートには外壁用タイルやクロス（壁紙）を貼ることができません。また、コンクリの仕上がりが図面からズレてしまうこともあります。そのボコボコやズレを砥石で研磨し、モルタル（建築材料の一種）や補修材などでならし、人の手で整えるのが「コンクリ仕上げ系左官」の仕事です。表現はかなり悪いですが、例えると「ニキビでボコボコの肌に厚化粧をして整える」イメージです。皆さんがお住いのマンションの壁は左官職人の「腕一本」で仕上げられているのです。

「こてを使って均一の厚さにモルタルを塗るのが難しいんです。薄い2～3ミリなら数年の修業でいけますが、段取りに加え、5ミリ以上の厚塗りをするためには10年近い修業が必要です」

アートレイズの小室社長は左官の難しさをこう説明します。では、どのような方が左官職人になるのでしょうか。

「7人の社員のうち5人は経験者ですが、2人は全くの未経験者です。うち1人はパートの女性です。元看護士で子育てしながら左官職人をしています。材料の袋は25キロほどあって多少腕力は必要ですが、手先の繊細さも必要な工種なので、女性も活躍できる工種です」

小室専務（社長の奥様）は、

アートレイズの左官体験会の様子

「私も主婦なので、左官をやりたい！という主婦を応援したくて社長にお願いして入社してもらいました」

と話されています。また、左官は職人不足なので積極的に営業しなくても元請け側から見積依頼がなされるなど、仕事には困らない状況になっているそうです。

アートレイズは他の左官工事会社と合同で「左官体験ワークショップ」なども開催され、左官の魅力発信にも取り組まれています。

アートレイズさん　Xアカウント

@art_raise_2019

ALL ABOUT THE CONSTRUCTION BUSINESS

5

お笑い芸人も取る資格？ビルメンテナンスと消防設備業界

「ビルメンテナンス」というジャンルを本書で初めて知った方も多いと思います。意外かもしれませんが国内ビル管理市場の規模は4・5兆円（※1）。事務所、商業施設、医療福祉施設、工場などの清掃、点検・設備管理、警備を担っており、新築の建築物が減る中、毎年市場規模は拡大しています。

ビルの管理は「プロパティマネジメント」（PM）が「元請け」になります。三菱地所プロパティマネジメントなどが業界大手です。PMはテナント募集や入退去管理などの業務を行い、メンテナンス業務をビルメンテナンス会社（BM）に依頼します。BMの大手はイオンディライト、東急不動産、日本管財です。社名は皆さんも聞いたことがあるかもしれません。

BMからさらに清掃、警備、設備管理などの業務が各専門業者に発注されます。その中の一つが消防設備点検です。皆さんも自宅やオフィスに消防点検業者の方が入ってきて天井の感知器の点検をしているのを見たことがあるでしょう。消防法で自動火災報知設備などの消防設備を設置した病院、宿泊施設、事業所などの建物には年2回の設備点検と所轄消防署への年1回（特定防火対象物の場合）の点検結果の報告が義務付けられています。

そんなBMと消防市場について福岡県の消防設備点検・工事会社の寿防災工業株式会社、安永社長に話を伺いました。同社は福岡県庁舎など福岡市の主要施設の消防設備点検、消防署への提出書類の作成、設備修繕工事などを担う会社です。安永さんはトヨタ自動車などを経て、会社を継がれた二代目社長でもあります。

芸人の仕事は不安定だけど消防の仕事は安定

消防設備と言えば、お笑い芸人のザブングル加藤さんが消防設備士の資格を取得し話題になりました。「芸人の仕事は不安定だけど、消防の仕事は安定している」とインタビューで答えていたのが印象的でした。安永さんによれば、

「加藤さんのおかげで注目されましたね（笑）。安定しているだけでなく、人命を火災から守る、地味ですが重要な仕事です。消防設備士は消防設備の点検や工事をするために必

要な国家資格です。甲種、乙種の二種類があり、甲種資格者は設備点検に加え、不良個所の改修や更新、設備工事ができます。甲種は機械、電気、建築などに関する学科を卒業しているか、もしくは第一種、第二種電気工事士などの資格や実務経験など一定の条件を満たすことで受験できます。他方、乙種は卒業学科や資格に関係なく、誰でも受験できます。乙種資格者は点検、整備までしかできません。資格には設備の種類によって特類、第1類〜第7類まであります。まずは消火器の点検に必要な乙種6類を受験する人が多いので、通称『乙6』(※2)と呼ばれています」

とのことでした。寿防災に転職してくる方はどのような方が多いのでしょうか?

「同業からの転職は2割もいませんね。社員の多くは未経験者で、ガソリンスタンドの店員、警備会社出身などいろいろです。資格は入社後に働きながら勉強して、乙6を取得します。その後、第二種電気工事士を取得して、甲種に挑むケースが多いですね」

安永さんによれば、異業種からの転職が多いようです。特に警備業界から消防設備業界への転職に関しては、

「警備の仕事は待機時間が長く、夜間の出動もあるので勤務形態が不規則です。消防設備は日中の点検・工事で大半が屋内作業なので、比較すると働きやすいのかもしれませんね。商業施設など、点検が夜間しかできない場合のみ、夜間に点検を行いますが、弊社では月

1～2回ですね」

とのことでした。女性の活躍についてはどうでしょうか。

「女子寮や女子更衣室など、女性設備士の方が入居者にとって助かる現場もあります。法定業務なので仕方ない面もありますが、そういう場所は女性資格者に任せたいですね。重いものを持つことも少ないので、年齢に関係なくできる仕事です。まだまだ消防設備士は男性が多いですが、女性でも資格を取って安定したキャリアを選べることを皆さんに知ってほしいです」

と安永さんは女性の活躍についても解説されています。

安永さん　Xアカウント　@Shuhei_kotobuki

※1　2022年度矢野経済研究所調べ
※2　毎年二万人前後が受験し、合格率は3～4割と言われています

ALL ABOUT THE CONSTRUCTION BUSINESS COLUMN

ゼネコンがスタートアップと連携する理由

このコラムでは再び戸田建設の斎藤さんにお話を伺います。斎藤さんは同社でスタートアップ企業との協業を担当しています。

建設会社とスタートアップ企業の連携事例はもともと多くありませんでした。その理由について斎藤さんは、

「①特に安全や品質、工程において失敗が許されない建設プロジェクトで、機能的な未完成部分を含むスタートアップ企業の製品・サービスが受け入れられにくいこと、②スタートアップ企業が求めるスピード感と建設業のプロジェクトのスピード感（年単位のスケジュールを組む）がマッチしにくい点、③建設業界は実績の有無を重視する傾向があるのに対して、多くのスタートアップ企業は説得するのに十分な実績を持ち合わせていない点、などです」

と回答されています。では、なぜゼネコンがスタートアップ企業と連携するようになったのでしょうか？

「優れたスタートアップ企業の製品やサービスを活用することで、建設業の様々な課題解決に役立ったり、発注者に対して新たな価値が提供できたり良い点がいくつもあります。

現在建設業の最も深刻な課題として、技能者不足があります。建築物はミリ単位の精度で造られていきますが、こういった熟練した技能者にしかできなかった技能を伝承し、何かしらの仕組みで補っていかなければ良質な建築物を安定的に供給していくことはできません。例えば、戸田建設は、こういった課題に対してテクノロジーで解決しようとしているカナダのスタートアップ企業に投資をして日本での普及を後押ししています。同社が開発したレーザーレイアウトシステムを活用すれば、『墨出し』（ビルの内装工事などで床などに設計図通りの線や印を技能者が手で引くこと）に関し、従来熟練技能者2名で進めていた作業が非熟練の技能者1名でできるようになります」

とその背景を説明してくれました。テクノロジーによって職人の修業期間を短縮する取り組みは土木工事と同じですね。戸田建設さんは投資枠も設定されています。

「2024年に新たにスタートアップ協業強化目的で最大30億円の投資枠を設定

していきます。当社としては顧客への提案の幅を広げていくパートナーとなり得る企業と、建設業の課題の解決を共に目指して頂ける企業との協業を行っていきたいと考えています。

注目分野はたくさんありますが、強いて挙げるとしたら『モジュラー建築スタートアップ企業』です。モジュラー建築とは、工場で主要部分生産し、単位ユニット化したものを現場で組み立てるタイプの建築システムを言います。技能者不足に加え、近年は猛暑日も多く屋外作業の多い建設業では熱中症が頻発し、安全性や工期の観点で懸念されています。その点において、建築物を造る作業の一部を作業環境が安定している工場で行うことができれば、効率性や安全性の点で優れた生産システムとなると考えられます。米国では、2010年代後半にこのようなスタートアップ企業が数社立ち上がってきていますし、近い将来必ずそのような生産システムが日本の建設業界においても普及すると思います」

とのことでした。

第4章

大工YouTuberから学ぶ住宅工事の世界

Chapter 4 :
The world of housing

ALL ABOUT THE CONSTRUCTION BUSINESS

1

フォロワー国内外合わせ106万人の大工YouTuberと考える家づくり

第4章では「大工」を入り口に、住宅工事について解説します。住宅の購入を考える人にも役に立つ内容になっています。

大工歴52年の経験を活かし、昔ながらの「手刻み」の大工の技術を福井から世界に発信するYouTuber「大工の正やん」こと船井さん。以前、Abemaの番組で共演した縁で取材させていただきました。

大工の今と昔

今と昔の大工の変化について業界の大ベテランである船井さんに聞いてみました。

「プレカットの普及が大きな変化でした。今は我々のような『手刻み』の大工は珍しくなりました。プレカット材を使う大手ハウスメーカーの大工と、手刻みの大工は、行政許可上は同じですが、技術的には全く別物です」

プレカットについて補足します。かつて木造住宅建築は大工が現場で木材をのみ、かんなで加工する「手刻み」が主流でしたが、1980年代ごろからコンピューター制御により機械で木材を加工するプレカットが普及します。工場であらかじめ機械加工された木材を現場で組み立てることで、短期間で「工業的に」住宅が建てられるようになりました。プレカットの普及以降、木造住宅の現場でのこぎりやのみを使うことは減りました。林野庁の資料によれば木造軸組工法（住宅の工法の一つ）におけるプレカット材利用率は9割を超えます（2015年時点）。では、大工の技術はどう変化したのでしょうか。

「工具のレベルも向上し、人の手が関わる範囲が狭くなりました。結果として職人の技術力は落ちたと感じます。一方で大工の修業期間が短くなったメリットもありますが」

船井さんは以前、大工技能を学ぶ職業訓練校の指導員もしていました。

「大工技能検定（厚労省所管の国家検定制度で、技能レベルを評価する）は学科と実技の2つの試験があります。実技試験は制限時間内に木材を図面通りに加工、組み立てをするのですが、その実技を学べるのが職業訓練校でした。しかし、福井では職業訓練校がどんどん減ってしまい、職人の技を教える機能が衰退したんです」

職業訓練校について補足します。職業訓練校は国や自治体が運営するほか、委託を受けた民間機関が行う教育機関です。公的な機関はハロートレーニングと呼ばれ、失業者の再就職支援などもしています。職業訓練校などの認定職業訓練施設数、訓練生の数は直近で2〜3割減少しており、地方では訓練施設がない地域もあります。

「大工の正やん」チャンネルは伝統的な技術をアーカイブ的に世の中に残しています。YouTubeを見て勉強している若者もいるそうです。動画をアップしているのはどんな思いからでしょうか。

「自分たちの技術はロストテクノロジーになりつつあります。技術が失われ、古い家を修繕することが難しくなる前に、せめて若い人たちに動画を残したいと思っています」

先人たちの知恵を理解する

大工から見た、家を建てるときのポイントを船井さんに聞きました。

「土地選びです。『昔から人が住んでいる土地に家を建てる』。先人たちの知恵をもっと現代人は理解しないといけません。先人たちは柔らかい土地は田んぼ、地盤が固いところは人が住む、と土地の特性を見極めていました。しかし、現代人は本来、家を建てるのに向かない軟弱地盤に家を建ててしまう。地盤改良業者（軟弱地盤に杭などを打つ専門業者のこと）の手間とコストが実際は相当かかっているはずです」

大工の正やん親子

ハウスメーカー選びはどうすればいいのでしょうか。

「新築は地域のしっかりした会社、できれば職人たちに聞くのが一番です。うわべの値段やデザインだけでなく、耐震や地盤、作り方などもきちんと見てほしいですね。リフォームは新築の時に頼んだ会社に頼むのが一番です。私も他のハウスメーカーが建てた住宅のリフォームは、工法が違うため構造をすぐに理解できないことがあります」

船井さんは「昔の建物を修繕するのは昔からの技術を知る大工が強い」という考え方のもと、昔からの家屋のリフォーム、リノベーションに取り組んでいます。

施主と大工の関係も時代とともに変化したのでしょうか。

「福井ではまだ休憩時間に大工にお茶を出す『施主の気遣い』の文化はかろうじて残っています。かつては『大工さんを接待できない者が家づくりを頼むな』と言われていましたが、『大工さん』と施主側が『さん』づけしなくなったように思います」

YouTube大工の正やんチャンネル　@CarpenterShoyan
Xアカウント　@carpentershoyan

ALL ABOUT THE CONSTRUCTION BUSINESS

2 若者が集まる工務店の社長に聞く大工の育成

静岡県浜松市に本社を置く有限会社山本技建の山本社長にお話を伺いました。

山本技建は１９６６年に創業。大工の正やん同様、伝統的な「手刻み」の伝統技法での家づくりを進める工務店です。山本さんは二代目経営者で空手師範代でもあります。

俺の会社には若いやつ来てるんだよな

「建設業界に若い人が来ないって言いますけどね。俺の会社には来てるんだよな。伝統工法を守りながら、大工の働き方だけ『今風』にすることはできるんですよね」

と、山本さんは建設業界の若者の採用について教えてくれました。静岡県の建設業就業者の平均年齢50歳の中で、山本技建の平均年齢は36歳です。どのように若者を採用しているのでしょうか。

「工業高校の学生を主に採用しています。大手ハウスメーカーと比較した上で、うちを選んでくれています。うちは月給制と週休2日を徹底しつつ、伝統的な大工工法を教えます。別に大げさなことはしていませんが、それが珍しいそうです。最近はものづくり志向の普通高校の若者も入社しています。華のあるものに魅かれるのは若者の常ですが、ものづくりが好きな若者は一定数います。うちの作業服はデニム地のカッコいい作業着なんです。現場の制服がカッコいい方が気持ちが前向きになるよねという若者向けの工夫とイメージアップです。作業服が汚いと周りも応援しにくいでしょう？」

と山本さんは教えてくれました。普通科の若者をどう育成しているのでしょうか。

「入社後2週間は座学と実技実習です。内容は職業訓練校のカリキュラムを参考に自社で作りました。静岡も職業訓練校が減っているので、自社で教えています。道具や資材の名前、安全管理など基本的なことを教えます。それもなしにいきなり現場に放り込むと、忙しいのに教えるベテランもストレスですよね。『そんなことも知らねえのかよ』となってしまう。現場で事故が起こっても大変ですし。うちは図面をデジタル化していてｉＰａｄが現場に必須なんですよね。おじさんはデジタルが苦手だから若い人に頼るし、重いものを持ち上げる工事は腰が辛いので若者に手伝ってもらった方がいい。その代わりおじさんは若者に技術を教える。違う世代が集まったチームを作ることが大事ですね」

と世代を超えたチーム作りについて教えてくれました。なぜ山本技建では週休2日を徹底できるのでしょうか。

「天竜杉を活用した学校の内装工事とか『家以外』の案件を安定して受注しているからなんです。住宅の工事は季節性があって、それだけだと稼働が不安定になる」

女性大工を育てたい

山本技建では女性大工採用の特設ページを作っています。

「以前、外国人社員を採用したこともありますが、言葉の問題に加え、日本の自動車免許を持っていないので現場までの移動手段がないなど、困ることも多く、結局帰国してしまいました。いずれ帰国してしまう外国人よりも、同じ浜松の女性の大工を育成した方がいいと思うようになりました。『手に職』をつけると、子育てなどで仕事を離れても復職しやすいですし。建て方と呼ばれる柱を扱う工事は、腕力の関係で女性には厳しいかもしれませんが、内装仕上げなどは女性の方が向いているのではと思います。育休制度も整備しており、既に男性社員が取得している実績があります。最近は育休制度などを整備している会社も増えましたが、女性職人に『どうせ子供できたらやめるんだろ』という男性職人もまだいます。制度だけでなく、そういう発言もなくしていきたいですね」

ALL ABOUT THE CONSTRUCTION BUSINESS

3

東北のハウスメーカーが取り組む震災後の家づくり

本項ではハウスメーカーの視点から家づくり、そして住宅の災害復旧を考えます。宮城県富谷市に本社を置く株式会社北洲にお話を伺いました。

北洲は1958年に建設資材販売会社として岩手県で創業。その後、新築注文住宅事業を開始し、現在は資材販売、注文住宅、リフォームの三事業を岩手、宮城、福島を中心に展開しています。

震災の後のハウスメーカー

2011年の東日本大震災の際は、北洲の本社も被災し、停電しています。災害後は道路などの復旧をする土木工事会社に意識がいきがちですが、住宅会社も対応に追われます。

「被害が少なかった岩手の支店に本社機能をすぐに移設しました。震災のあった翌週には社長直下でサポートセンターを稼働させます。出勤できる社員によるオーナー様の安否、各住宅の被害状況の確認、点検を行いました。弊社の住宅は耐震性の高いツーバイフォー工法を採用しています。点検でお客様を訪問すると『周囲はほぼ全壊なのに、うちは残った。命拾いした。破損した個所の修繕は北洲さんでお願いしたい』などの声をいただきました。それでも当時は対応しきれないほどの修繕の問い合わせが弊社に殺到しました。その後の解体工事もパンク状態でした」

と北洲は当時を振り返ります。家を買う際は「コスパ」だけでなく、耐震性など災害に強いかも注意して確認したいですね。災害後は限られた数の工事業者に依頼が殺到し、対応しきれなくなるのも問題です。大工不足が進むと災害後の住宅復旧は進まなくなります。「大工不足に対応するため北友会（北洲の協力会社会）、職業訓練校とも連携し大工の育成に取り組んでいます。エンジニアリング部を新設し、大工を北洲の社員としても雇用しています。20代で一級建築大工技能士を保有する社員もいます」

震災もですが最近は夏の酷暑も深刻です。北洲の注文住宅は「遮熱網戸」を標準装備しています。室外で太陽の熱をカットすると室内に熱が入ってくるのを防ぐことができ、冷暖房費の削減につながります。

元ブライダルプランナーが住宅営業で活躍

北洲は厚生労働大臣が認定する「えるぼし認定」の最高位（3つ星）を取得しています。宮城県の建設会社では初となり、女性が活躍されている会社です。

「社員数365名中、33％が女性です。求人応募も営業、インテリア、設計系中心に女性が増えていますね。実家が北洲の家だった社員もいます。営業課長の一人は中途でブライダル業界から転職してきた女性です。『一生に一度の買い物』をするお客様への提案力があるので、業界は違いますが、必要なスキルは共通しています。アパレル、雑貨などの販売職からの転職はあまり実績につながっていません。同じ販売職でも少しスキルが違うようです」

ブライダル業界からの転身は私も初めて聞きましたが、理由を知って納得しました。北洲は女性社員の増加に伴い、人事制度の見直しもしています。

「人事制度の整備は苦労しましたが、最近は育児休暇を取る男性社員も出てきたので、結果、男性社員にとってもよかったと思います」

設計職だけでなく施工管理、職人でも女性は増えているのでしょうか。

「施工管理は増えていますが、職人はこれからですね。断熱（壁や天井の断熱材工事のこと）、シーリング（外壁の継ぎ目の隙間に目地材を充填する工事）などの工事では女性職人がいます」

職人も工種によって男性向き、女性向きの職種がありそうですね。

テクノロジーについて

「３６０度カメラと専用のアプリケーションを活用し、建築現場をＶＲ化（バーチャルリアリティの３Ｄ画像化）し、関係者が遠隔地からでも施工現場の進捗を確認できるLog Systemの試験運用をしています。ＶＲ空間上で監督と大工が施工内容の確認ができます」

このように、住宅の現場でもテクノロジー活用が進んでいます。

ALL ABOUT THE CONSTRUCTION BUSINESS

4

「大工不足」はなぜ起こる?家を直せない未来

昨今、「大工不足」がメディアで取り上げられることが増えました。クラフトバンクのもとにも「大工が探せない」という問い合わせは多いです。

もともと少ない大工がさらに減っている

第1章のとおり、建設投資で最も多いのは土木を中心とした公共工事、次いで、倉庫、ビルなどの非住宅工事です。住宅工事の投資額は建設投資全体の3番目です。当然、担い手である大工の数も多くありません。国勢調査で建設業就業者の構成を見ても、最も多いのは土木工事の技能者で、次いで電気工事、大工は3番目です。しかも、直近10年で最も数が減っているのが大工と左官です。「もともと少ない大工がさらに減っているい」のです。大工、左官は電気、土木などの他工種と比べ、一人親方や家族経営の小さな会社が多く、発注者に対する価格交渉力が他工種より弱いです。そのため、他工種よりも利益を確保しにくく、数を減らしているのです。野村総研の予測では、人口減少に伴い、新設住宅着工戸数は減っていきますが、それ以上に大工の減少するスピードの方が速い、とされています。

かつ、ただでさえ少ない大工が住宅の仕事を請けなくなっています。「経営と社員の待遇を安定させるために住宅以外の仕事を請ける」大工工務店が全国的に増加しています。工務店からするとインバウンド需要を見越した店舗やホテルのリノベーションなどを手掛けた方が経営は安定するのです。また、工務店は人口が減る町よりも、半導体工場の新設などが盛り上がる町の工事を優先するので、大工不足は過疎地から進みます。

工務店の経営の視点に立つと、公共工事や非住宅工事はお金の出し手が国、自治体、企業なので、資材価格や人件費が上がる中、相対的に価格転嫁の交渉をしやすい相手です。他方、戸建て住宅はお金の出し手が個人です。資材価格や人件費も上がっているので、住宅価格を上げます。たくさんローンを組んでください」と個人客に提案することは困難です。実質賃金がなかなか上がらない中、工務店は個人客を相手にしにくいのです。

そのため、私は「これから新築戸建注文住宅は富裕層のぜいたく品になり、中古物件の活用がポイントになる」と予測しています。また、災害後の住宅復旧は地方中心に遅れるリスクがあり、広域で大工を確保していく体制と、大工不足に適応したテクノロジーが求められます。国が大工や大工育成機関を保護する取り組みも必要と私は考えます。

未だに電話帳が現役の業界

電話帳を令和の今、上場企業が使っている、と聞くと驚かれることでしょう。

「新規エリアに支店を出店した。その際に発注先の大工を探したが、探す手段がなく、電話帳で一件ずつ電話をかけるしかなかった」

上場ハウスメーカーの方の話です。ハウスメーカーで大工を直接雇用していない場合、発注先の企業(一次請け)を探すことになります。建設業界、特に中小企業の場合、未だにホームページを持たない会社が多いため、発注先を探す手段は未だに「人の紹介」(ツテ)が中心です。ハウスメーカーがツテのない地域に出店した場合、大工などの発注先を探す手段は少なく、最悪の場合は「電話帳」になります。しかも大工が住宅の仕事を断るケースも増えているため、電話しても仕事を断られ、結局、工事を断念する、そんな事態が起こるのです。クラフトバンクのマッチング事業はこの業界課題を解決するために行っています。

ALL ABOUT THE CONSTRUCTION BUSINESS

5 ＬＩＸＩＬと考える住宅建材の進化

建材メーカー最大手のＬＩＸＩＬに大工不足時代のテクノロジーについて取材しました。

「ねじ」から現場を変えていく

「大工が不足する中、高い技術を持つベテラン大工でなくても施工できる建材、少人数でも施工できる技術（省施工性）が求められます」

とＬＩＸＩＬの方々は最新のテクノロジーを解説してくれました。

まず驚かされたのは「新型ねじ」の開発です。住宅を建設するためには多くのねじを必要とします。ＬＩＸＩＬが2年かけて開発した新型ねじは従来品よりも「打ち込みやすく、抜けにくく、性能を落とさず、少ない本数で窓のサッシなどを固定」できます。大工も施工が容易となり、ねじを工具で打ち込む回数が減るのです。

他にも、高齢の職人でも持ち上げやすいよう、強度はそのままに軽く改良したサッシ（樹脂とアルミのハイブリッド）や、少人数でも取り付けやすいドアと蝶番（ちょうつがい）など、目立たないですが「施工しやすい建材」の技術開発をＬＩＸＩＬは続けています。

ＬＩＸＩＬは世界１５０ヶ国で展開しており、グループ売上の34％が海外です。日本で培った技術を世界に展開するほか、海外で得た知見を日本市場の製品開発に役立てるなどしています。また、解体物件から発生するアルミサッシ廃材などを活用した「リサイクルアルミサッシ」など、資源の循環利用に関する技術も開発しています。

災害と猛暑に強い家

私も東日本大震災で価値観が変わりましたが、家選びの際に見るポイントも災害経験の有無で変わります。ＬＩＸＩＬは災害に強い工法の開発を続けています。

１９９５年に開発されたスーパーウォール工法（ＳＷ工法）は壁、床、天井が一体化した箱形の「面」を構成することで大きな外力に強さを発揮する工法です。特殊なパネルを活用することで、断熱性・気密性はもちろん、耐震性と「繰り返しの地震に耐える制震性」を両立させ、かつ高い技術を持つ職人でなくても施工できるよう工夫されています。東日本大震災時、地震と津波で大きな被害を受けた宮城県南三陸、気仙沼などでも、ＳＷ工法の家は倒壊を免れています。また、新築から20年以上経過した物件で壁を解体してもＳＷ工法の壁は内部にカビが生えていなかったそうです。

工法などのハード面だけでなく、ＬＩＸＩＬは各種住宅性能に関する設計サポートもしています。住宅に限らず建築物は「図面通りに作り、設計通りの性能を出す」ことが非常に難しいです。これに対して住宅会社、性能設計会社、構造製作会社の3社が連携することで確実に図面と現場が一致する仕組みを構築して安心安全な家づくりを実現しています。ＳＷ工法では住宅の構造体とサッシ・ドアの工事が完了した段階で一棟ずつ気密測定を実施し、基準通りの性能が達成されているかを確認し、性能報告書を発行しています。

地震や津波だけでなく、最高気温35度以上の猛暑日は増加傾向にあり、日本の夏の暑さも災害クラスになりつつあります。熱中症による救急搬送の約半数が実は屋内です。とくに家での熱中症が高齢者を中心に増加しています。かといって冷房を使い続けるのも限界があります。そんな暑さを乗り切る技術が「スタイルシェード」です。「窓の外につけるロールスクリーンに似た日よけ」です。使わないときは収納できます。最近は遮熱カーテ

図　スタイルシェードによる室温変化（LIXIL提供）

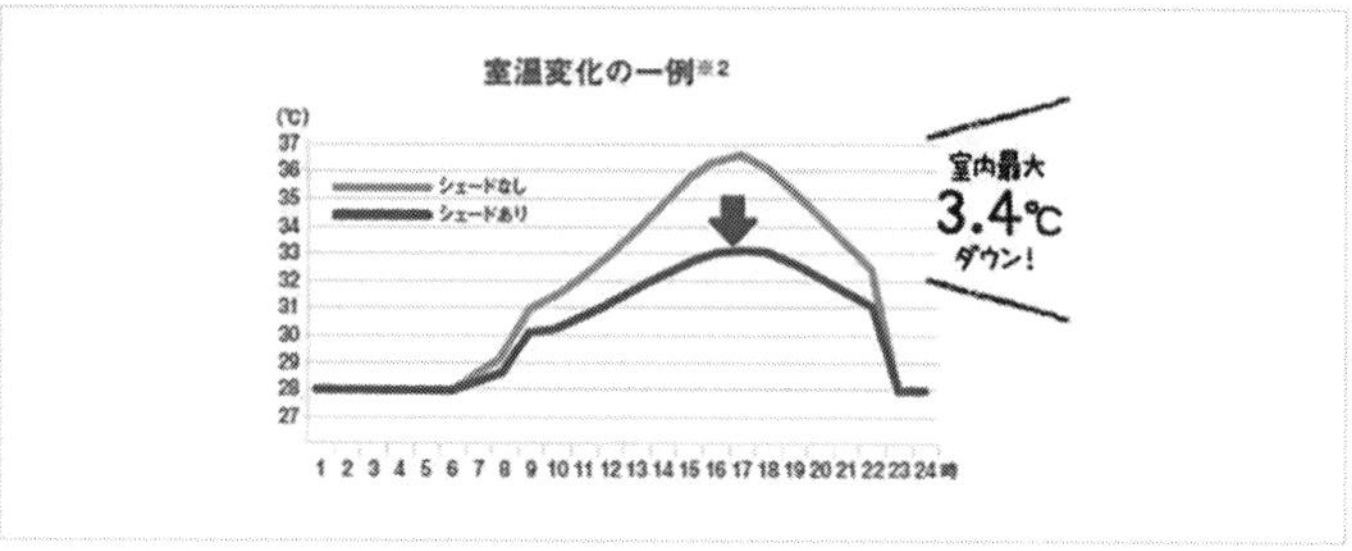

冷房の設定温度を抑えて快適に。

※2「窓の省エネ効果算定ガイドライン」のモデルにてシミュレーション ■熱負荷計算プログラム「AE-Sim/Heat」にて算出 ■2階建て/延べ床面積：120.08m²、開口面積：32.2m² ■4人家族 ■エアコン ■冷房27℃・60%（就寝時28℃・60%） ■冷房運転：間欠運転 ■拡張アメダス気象データ2000年版の東京を使用 ■住宅断熱仕様：平成25年省エネ基準適合レベル ■窓：サーモスL一般複層ガラス ■室温計測居室：寝室 ■室温計測日：8月10日

ンも普及していますが、一旦太陽の熱が室内に入るので、限界があります。スタイルシェードは室外で太陽の熱をカットするため、部屋の温度が最大3・4度下がります。LIXILはスタイルシェードを幼稚園など児童施設に寄付する活動もしています。

就職先としての建材メーカー

北洲のように住宅会社では多くの女性が活躍しています。建材メーカーのLIXILもインテリア系の資格を持つ女性などを積極的に採用しています。もちろん家や建物に興味のある男性も建材メーカーという選択肢を考えてみてはいかがでしょうか？

ALL ABOUT THE CONSTRUCTION BUSINESS COLUMN

大工の正やん親子とYouTube

住宅の章のコラムでは再び「大工の正やん」こと船井さんと映像の撮影・編集や翻訳をされている息子の啓太さんにYouTubeの反響についてお話を伺います。

YouTubeを始めたきっかけ

私も「正やんチャンネル」好きで、フォローして娘と見ていますが、「煽り」と広告が増えるSNSの中で、船井さんの動画は安心して見ていられます。黙々と技術を伝えるチャンネルのフォロワーが世界的に増えていることに救いを感じます。どういうきっかけで始めよう、となったのでしょうか？

「私は大学４年を終えた２０２０年から海外に２年間留学する予定でしたが、コロナ禍で計画が白紙になりました。そこで地元に戻って、手探りで父の仕事風景の撮影を始めたんですね。撮影を通じて初めて職人の仕事を理解したところもあります」

と啓太さんは教えてくれました。父である船井さんは最初周囲に「あほなことやっとる」と言われたそうです。しかし、意外にも「お父さんに大工の昔と今の比較をしてもらう動画」が「バズり」ました。

海外からの反響

YouTubeチャンネルの海外のフォロワーが28万（2024年8月時点）と多いですが、海外の方の反響についてはどのように感じているのでしょうか。

「日本の大工の計算されたものづくり、木材の仕上がりの繊細さ、加工の精度の高さなどに驚かれますね。日本の職人は目に見えないところも手を抜かない」

と船井さんは教えてくれました。海外の方がＤＩＹ（日曜大工）がさかんなので、その参考にしているんでしょうか？　という質問に対しては、

「コメントを翻訳すると『木工アート作品』を鑑賞しているという印象ですね。すごすぎて参考にする次元ではないというか」

と啓太さんは教えてくれました。

大工への憧れと現実

「2年前チャンネルのフォロワーに『人生で一回でも大工になりたいと思ったこ

とがあるか？』と質問したところ75％があると答えました（回答数２・３万）。海外からの称賛、子供のころからの憧れはあるけど、大工は現実には減っているんですよね」

と啓太さんは大工に関する社会の反応を教えてくれました。

「うちは３人兄弟（啓太さんは三男）なんですが、私自身が息子たちを大工にさせるか迷ったんです。結局、兄弟誰も大工は継いでいません。でも動画をきっかけに弟子入り志願の連絡も来るようになりました」

と船井さんは父としての「迷い」も教えてくれました。啓太さんは「次世代の大工の育成の一つのきっかけになればと発信をしています」とのことです。

第5章

漫画『解体屋ゲン』から学ぶ解体・改修工事の世界

Chapter 5 :
The world of renovation

ALL ABOUT THE CONSTRUCTION BUSINESS

1

作るプロがいるなら壊すプロもいる 解体屋ゲンと解体工事

第５章では漫画『解体屋《こわしや》ゲン』（芳文社『週刊漫画ＴＩＭＥＳ』にて現在も連載中）を入り口に、解体・改修工事について解説します。マンションの維持管理のトレンドや実家を解体する際のポイント、地盤と家選びなど、生活に役立つ内容も盛り込みました。

建設というと建物を「作る」イメージが強いですが「壊す」プロも存在します。それが解体工事。ＮＨＫの番組『解体キングダム』などで最近注目されている工種です。

そんな解体と建設業界を２００２年から描き、２０２４年時点で連載１０９巻まで続いている漫画が『解体屋ゲン』です。主人公「朝倉巌《あさくらいわお》（通称ゲン）」は爆破解体を専門とする解体工事のプロですが、解体だけでなく本書で紹介したYouTuber石男さん、アートレイズ（左官）、曳家岡本（沈下修正）など、他の工種も多く漫画に登場します。しかも、フィクションの漫画の中に実在する人物が登場し、会話する形式をとっています。就職氷河期問題などの社会問題も丁寧に取材して描かれており、本書で建設業界に興味を持った方はぜひ手に取っていただきたいと思います。

解体工事業の市場規模は完成工事高ベースで1・1兆円（※1）。東日本大震災のあった2011年以降、解体工事の市場は急速に拡大しています。町のあちこちで解体工事が進んでいるのを見ることでしょう。

なぜ解体工事の市場が拡大するのでしょうか？　再開発、災害後の解体以外の背景として、建築物の老朽化と空き家の問題があります。住宅の場合、日本の住宅ストック約6240万戸のうち、約14％の880万戸が空き家です。その中の約349万戸が「放置空き家」になるリスク抱えています。約349万戸のうち144万戸は1980年以前に建築され、耐震性が不十分とされています（※2）。耐震性が不十分な古い空き家が地震の時に倒壊し、災害復旧の妨げになるのです。

中古物件を買うなら「新耐震」かどうかを見る

耐震性が不十分とはどういう意味か？　建築物を見る上でポイントになるのは建築確認

（行政が建築基準法などに適合しているか着工前に図面などを確認すること）が１９８１年６月１日以降かどうかです。建設・不動産業界では建築確認が１９８１年６月以降の建築物を「新耐震」、それ以前の建築物を「旧耐震」と呼びます。１９８１年６月までの旧耐震基準は、数十年に一度発生すると考えられる震度５程度の地震で建物が損傷しないことを基準にしています。新耐震基準は数百年に一度発生すると考えられる震度６強から７程度の地震（阪神大震災や東日本大震災クラス）でも建物が倒壊しないことを基準としています。日本の建築物の多くは１９６０〜１９７０年代の高度経済成長期と１９８０年代後半のバブル期に建てられています。前者の高度経済成長期の建築物の多くは老朽化しています。第２章で述べたようにコンクリートには寿命があります。そのため、旧耐震の建築物は耐震補強工事をするか、老朽化したコンクリートの修復をするか、解体して建て替えるかの判断が求められるのです。

中古物件を購入される際は新耐震かを確認することをおすすめします。なお旧耐震の建物に住み続けることは違法ではありません。これを建築基準法では「既存不適格建築物」と言います。ただし、震度６以上の大型地震の際に倒壊リスクがあります。国交省の調査では能登半島地震で旧耐震の建物の１９％が倒壊したとのこと。新耐震の建物の倒壊は５％でした。ただ、旧耐震の建築物でも、工法によっては高い耐震性を持つ物件もあるので、購入前に耐震性について確認するほうがいいでしょう。

負の遺産・アスベスト

別の論点としてアスベスト（石綿）の論点があります。アスベストは安価で耐火性、防音性に優れているため建材製品として高度経済成長期に多く使われ、当初は「奇跡の鉱物」と呼ばれていました。

しかし、その繊維がきわめて細く、適切な処置をせずに人が吸引すると肺に悪影響があるとして、１９７０年に原則禁止、２００４年に製造禁止にされました。そのため建物を解体する際はアスベストの使用有無を事前調査することなどが法的に義務づけられています。解体は過去の「負の遺産」と向き合う工事でもあるのです。

※１　国交省・建設施工統計調査２０２２年度
※２　２０１８年国交省試算

これまで見てきたように老朽化した建築物を解体および改修するニーズが増大しています。建設投資額で見ると2015年度から2023年度にかけて「維持修繕投資」の金額は1・5倍（※1）になり、建設投資を牽引する存在になっています。人口減少と高齢化に伴い、新築ニーズは減り、改修にシフトしているのです。

非住宅改修市場とリノベーションの難しさ

維持修繕投資の内訳を見ると、図1のように、ビルなどの非住宅分野が大きいことが分かります（※2）。非住宅改修分野で大きな金額が動くのは設備です。

設備は、例えば消防法の関係で消防設備などの更新ニーズが定期的に発生します。ビル

図1　維持修繕投資/元請完工高の内訳

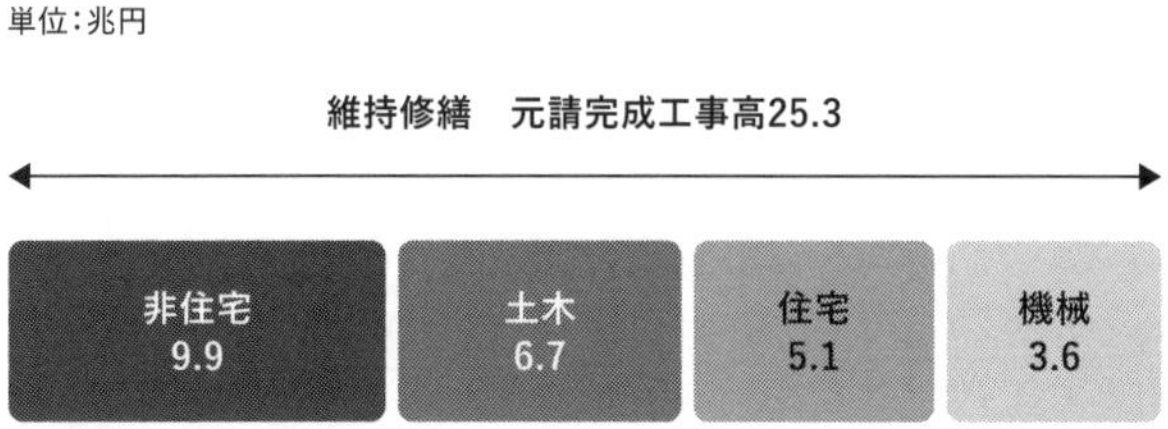

2022年度　国交省　建設工事施工統計調査

の立体駐車場、エレベーター、給排水設備も同様です。

「新築時の目論見とは違う次元に改修する工事」を国交省の定義ではリノベーションと言います。倉庫として使われていたビルを改修してオフィスに転用したらリノベーション、と言えます。

「新たにビルを建築するのは資材高、人件費高の中で予算的に難しい。バブル期のストックがあるのだから、それを活かしてリノベーションを増やせばいいではないか」という意見もありますが、現実はそんなに簡単ではありません。むしろ物件によってはリノベーションの方が新築より技術的に難しいのです。

私の実体験ですが、バブル期に建てられたビルのリノベーションの現場に立ち会うことがありました。解体業者によれば「壁を壊したら図面上あるはずの配管がなかった」とのこと。つまり手抜き工事が発覚したのです。新築時の施工会社はバブル崩壊で倒産し、事実確認することはできません。配管の追加など工程の見直しと追加費用が発生しました。資材が不足していたバブル期の建築物は、このように「開けてびっくり」で手抜き工事が発覚することがあります。

住宅リフォーム市場～家電屋さんのリフォーム事業が伸びている

リフォーム産業新聞社の住宅リフォーム売上ランキング2023を見ると、1位は積水ハウスグループ、2位は大和ハウスグループと大手ハウスメーカーが並びます。歴史ある大手ハウスメーカーは、これまで新築で建ててきた住宅だけでも膨大なストックがあります(業界ではOB顧客と言います)。新築から30年以上経過した物件の修繕や減築(高齢化に伴い2階建ての住宅を平屋に改装するなど、家を縮小すること)ニーズに対応することで大きな売上になるのです。

5位はヤマダデンキグループ、8位はエディオンと家電量販店です。意外かもしれませんが家電量販店はリフォーム事業に注力しており、近年大きく売上を伸ばしています。同様に売上ランキングにはカインズ、コメリ、ジョイフル本田などホームセンターが続きます。ホームセンターもリフォーム事業を伸ばしており、店舗に行くと「リフォーム相談窓口」があることに気づくと思います。

大手家具チェーンのニトリ、大手スーパーのイオンもリフォーム事業に参入しています。もちろんニッカホームなどリフォーム専業の大手もいます。住宅リフォーム市場は「大手ハウスメーカーや不動産会社」「大手小売」「リフォーム専業会社」がぶつかる構図になっています。

※１　一般財団法人　建設経済研究所　建設投資の見通し
※２　２０２２年度　国交省　建設施工統計調査

ALL ABOUT THE CONSTRUCTION BUSINESS

3 マンションの維持管理はこれからどうなる？

「マンションの大規模修繕が進まない」というテレビや新聞での報道が増えています。

本項では株式会社さくら事務所にお話を伺います。同社は個人向けのホームインスペクション（第三者による住宅診断）やマンションの管理組合向けのコンサルティング事業を展開しているほか、ＮＨＫドラマ『正直不動産』の監修もしています。

大規模修繕工事はマンションの規模によっては数億円単位（一戸あたり１００万円以上）になることもあるマンションの一大イベントです。同社はマンション管理組合に対し、大規模修繕の施工会社選定や、工事中の巡回施工チェックなどをサポートしています。

マンションの「2つの老い」

国交省の調査では築40年以上経ったマンションの４割近くが外壁の剥落、漏水や雨漏りなどの問題を抱えています。マンションの維持管理費は管理会社への業務委託費などに充当する管理費と、修繕を行うために積み立てる修繕積立金の2つに分かれます。国交省のガイドラインでは外壁などの大規模修繕は12～15年に一度行うことが望ましいとされており、2024年現在は、2008年ごろに建設されたマンションが一回目の大規模修繕を迎える時期です。それ以前のバブル期に建設されたマンションは二～三回目の大規模修繕を迎えていることになります。

さくら事務所によれば、新築販売時の修繕積立金の設定額は一回目の大規模修繕費用をもとに算出されていることが多いので、一回目の大規模修繕でお金が足りない事態にはなりにくいそうです。しかし、二回目以降になると建物や設備の劣化が進んで修繕箇所が増える上に、住民が高齢化・定年退職により収入が減っていることが多いため、修繕積立金の増額に対応できないことがあり、修繕費用の不足が起きやすくなります。マンションは時間とともに外壁などの建築部分だけでなく、給排水管や機械式駐車場、エレベーターなどの設備系統も劣化していきます。この建物と住民の老いは「2つの老い」と言えるでしょう。

これまで見てきたように工事会社も人手不足なので、人件費も上昇しています。新築時の修繕計画が昨今の物価高を反映していない場合は計画の見直しが必要です。また、私が話を聞いた工事会社は「マンション関連の工事は管理組合の議論が紛糾して待たされることがあるので、本音では話のわかる企業相手の案件をやりたい」と言っていました。マンション管理組合は理事会が月に一度程度しか開催されないことが多いので、企業のように早く意思決定することは難しく、区分所有者で形成されている管理組合では、工法などに関する知識が乏しいケースもあります。そこで、管理組合に助言・サポートするさくら事務所のような専門家が必要とされるのです。

では、修繕積立金不足にどう対処するのか？　耐久性の高い材料を使うことで、大規模修繕の周期を12年から18年程度に延ばすことも可能です。しかし、耐久性の高い材料を使う工事内容を選択した場合、一回当たりの工事費用は上がります。長期のメリットを取るか、目先の費用か。「老いる」マンションの管理組合も難しい問題を抱えています。

マンションと災害

マンションが水害などの被害を受けた際、エントランスなどの共用部は管理組合の加入する損害保険でカバーし、専有部（個人宅）は住民の加入する保険でカバーすることになります。さくら事務所によれば、共用部の復旧工事は修繕積立金を流用できる規約になっているケースが多いですが、修繕積立金は災害を想定して積み立てていないことが多いため、災害があっても残高が足りない、となるケースがあるとのこと。

また、管理組合が加入している損害保険で個人賠償責任特約が付保されていない場合、住戸間で漏水事故があっても管理組合の保険ではカバーできないため、補修や補償を巡ってトラブルになることもあります。

新築、中古ともマンションを購入する場合は「目に見える内装のきれいさ」だけでなく、保険契約や管理組合の運営状況もよく確認したいですね。

さくら事務所は中古物件を購入する際の論点なども情報発信され、書籍も多く発行されていますのでご参考ください。

さくら事務所　Xアカウント　@sakura_press

ALL ABOUT THE CONSTRUCTION BUSINESS

4

実家を取り壊すときはどうしたらいい？ 解体工事のプロに聞いてみた

「実家が空き家になったときどうする？　解体ってどこに頼めばいい？」

そんな疑問に答えてくれるのがXで「もふもふライオン」（以下、ライオン）のアカウント名で発信を続けるライオンさんです。ライオンさんの「中の人」は解体工事会社の経営者ですが、個人的な活動としてSNS経由で全国の解体に関する相談に乗っています。今回は社名や本名を明かさないことを条件に取材に応じてくれました。「皆さん実名の中、ライオンですいません（笑）」だそうです。

別荘と蜂と熊

最近はどのような相談が多いのでしょうか？

「『両親が亡くなって相続したバブル期の別荘を解体したい』など個人の方からの相談が

多いです。もちろん実家の解体の相談もありますが、人口が減っている地方が多いですね。人が住まない別荘は荒れます。まず蜂など害虫が巣をつくり、それを餌にする熊などが近づいてきます。そうすると近隣の方に危険が及ぶ。そうなる前に解体したいという相談ですね。そういう物件は不動産としての価値もほとんどないので、不動産業者も相談に乗れない（乗りたくない）ケースも往々にして見受けられます」

ライオンさんの話を聞くと、「バブルや人口減地域からの撤退戦」が始まっているのがわかります。

新築住宅やリフォーム工事は仮にトラブルになっても国土交通大臣指定の相談窓口があります。しかし解体はそういう窓口がまだ整備されていません。見兼ねたライオンさんが本業の合間にボランティアでやっている状況です。

「多くの個人の方は地元の不動産会社に問い合わせますが、不動産の人も解体のプロではないので、実は困っています。だいたい不動産会社は地元の解体業者に問い合わせるケースが多いですが、意外にも、最近は不動産会社からSNS経由で私宛に連絡があります」

別荘や実家の解体はどのように進めるのでしょうか？

「家具家電などの家財、衣服は一般廃棄物となり、解体業者は引き取れません。家財をご家族に先に片付けていただき、その上で建物を解体します」

廃棄物処理法では事業活動で生じた廃棄物を産業廃棄物（産廃）、それ以外の家庭ごみを一般廃棄物（一廃）と定義しており、法令上の扱いが異なります。解体業者は産廃処理の行政許可を持っていることが多いですが、一廃の処理にはまた別の行政許可が必要なため、法令上、家財を引き取ることはできないのです（両方の許可を持つ会社もあります）。

そのため、解体前の家財整理は、家族で行うか、解体業者とは別の遺品整理業者に頼むケースが増えています。最近は税理士法人と連携した家財整理業者（整理に加え、遺品の中の文化財などの鑑定を行う）も業績を伸ばしています。

身寄りのない独居者が亡くなった場合、不動産管理会社、行政が対応することになります。

私が話を聞いた「特殊清掃」（遺体の腐敗などでダメージを受けた室内の現状復旧をする専門業者）の会社によれば、コロナ禍以降「孤独死」に関係した依頼が増えているとのことでした。事故物件（孤独死など何らかの原因で前居住者が死亡した経歴のある不動産）専門の「成仏不動産」というサービスを展開する不動産会社もあります。

空き家はなぜ増える？

空き家がなぜ増えるのか、ライオンさんに聞きました。

「空き家が増える背景を税制から説明します。固定資産税・都市計画税（どちらも不動産を所有していると発生する税金）は空き家でも発生します。しかし、固定資産税の特例により、人が住んでいない空き家は税金が通常の6分の1に安くなります。空き家を解体し、更地にすると建物の固定資産税はなくなりますが、特例がなくなるため、土地の固定資産税は6倍になり、トータルの税額負担が増えます。『ある程度管理していれば空き家を解体しない方が税制的には得』なんです」

そうすると空き家を放置する人が増えるのではないでしょうか？

「そこで2014年に制定され、2023年に改正されたのが『空き家対策特別措置法』です。『建物の倒壊のリスクがある』『ごみの放置などで害虫、害獣が増え、地域住民の生活に支障が及ぶ』など管理不十分とされた空き家は固定資産税の特例がなくなり、税負担が6倍になります。『空き家を放置すると税金が6倍になる』と言われる理由です。そうなる前に実家や別荘を中古物件として売却する、解体するなどの対応が必要になります」

実家の空き家問題は税、不動産、廃棄物処理、解体の知見がある人に相談する必要がありますね。

解体の品質

「新築住宅と違って解体の品質は目に見えにくいですが、解体工事には建設業許可はもちろん、建築や産廃処理の知識が必要であり、近隣住民対策もしながら安全に解体するのは高度な技術が必要です。また、産廃処理費用もかかっています。『相見積でとにかく安く！』と値段だけ安い業者を探す人もいますが、安い業者は不法投棄など違法行為に走っている場合もあります」

とライオンさんは「とにかく安く」がもたらす弊害を教えてくれました。

実際に、不法滞在外国人を雇い、関係ない周りの家まで破壊する違法解体業者の問題も最近は報道されることが増えています。

もふもふライオンさん　Xアカウント　@mofumofu_LION

ALL ABOUT THE CONSTRUCTION BUSINESS

5

「匠」に聞く地震と家と土地の話

「曳家《ひきや》」「沈下修正」、これらは建設業界の人でもあまり聞いたことがない言葉かもしれません。曳家は建物を解体せず、建物をレールなどに載せて動かす職人のことです。有限会社曳家岡本の代表、岡本さんは「土佐派」と呼ばれる伝統技術の継承者。東日本大震災をきっかけに曳家の技術を応用し、地震で傾いた家を元に戻す「沈下修正」に取り組んでいます。

２０１１年の東日本大震災後、千葉県浦安市周辺では大規模な「液状化現象」が発生。液状化現象は柔らかい砂の地盤に強い地震動が加わると、地層自体が液体状になることを指し、地滑りや地盤沈下を起こします。「傾いた家」の映像を見たことがある方も多いと思います。

浦安市では液状化で家屋が傾くなどの被害が８７００棟発生しています（※１）。家が土台から傾いてしまうと、構造がゆがんでしまい、見た目にはわからなくても地震に弱い家になってしまいます。かといって家を強引に持ち上げれば柱や壁などが壊れてしまいます。家を傷つけずに正常な状態に持ち上げて戻す。その「匠」が岡本さんです。講演や書籍を通じた情報発信もしているほか、漫画『解体屋ゲン』でも何度も紹介されています。

家を購入する際はどうしても家（上物）に目が行きがちですが、あまり目立たない「基礎」や「地盤」に目を向けてほしく、岡本さんに取材しました。

能登半島地震と新潟市の液状化

取材先の岡本さんは新潟にいました。

「能登半島地震により、新潟市内では全壊97軒、半壊3632軒、一部損壊1・1万軒の建物被害がありました。その大半が液状化によるものです。被害の約6割は西区に集中しています（※2）。信濃川の旧流路～埋立地だったところですね。地元の工務店と接点があり、元旦の地震のあとすぐにスケジュールを押さえてくれと依頼がありました」

と岡本さんは教えてくれました。能登半島地震は石川県の被害が注目されがちですが、新潟でも実は大きな被害があったのです。

新潟も浦安も震源地から離れており、地震の揺れによる家屋倒壊被害は大きくありません。しかし、地盤によっては地震の振動による変形が地下で起きるのです。岡本さんによればポイントは「地歴」です。海岸沿いの埋立地、河を埋め立てた土地で液状化は多く発生します。

家を買う時に知っておきたい地盤のこと

自分たちの住んでいる土地は大丈夫なのか？　と思われた方もいるでしょう。「都道府県名×液状化」で検索すると、各自治体が液状化リスクのある土地を公表しています。例えば東京の場合、豊洲、南砂町、錦糸町、綾瀬などの液状化リスクが高いです。江戸時代、海や川だったところです。同様に、国土地理院の「地理院地図」のサイトでも「明治時代の低湿地」を検索できます。

液状化リスクのある土地は建物を建てる前に地盤改良（杭を打つ、セメントや砕石で固めるなどして地盤を強固にすること）をしていることが多いです。

「地盤改良は液状化の抑止にはなります。しかし、どんな地震でも絶対に大丈夫、という地盤改良工法はありません。地盤改良業者さんだけの問題ではありません。最近はデザイン優先で広いリビングを強調し、柱の少ない家を建てるハウスメーカーがあります。柱が少ないと建物の荷重が分散しないため圧密沈下（構造物の荷重によって地盤を構成する土が押しつぶされ、じわじわと沈むこと）が起きやすいのです。家は地盤と建物を一体で考えるべきですが、理解していない建築士もいます。新築にばかり注目し、災害後の修繕に意識が向いていないのです。最近は高気密住宅を売りにするハウスメーカーが多いですが、あくまで上物の話です。地盤や構造は人命の問題です。コスパやデザインだけでなく、災害は日本中で起こる前提で、修理しやすい設計も念頭に家を建てた方がよいです。最悪の場合、新築を建て替えるのと同じくらいの修繕コストになることもあります」

と岡本さんは「匠」として家を建てる際の重要なポイントを教えてくれました。

「我々の技術力なら住民の方は住みながら沈下修正工事をすることも状況によっては可能です。しかし、良くない業者に頼むと引っ越しを伴うので、工事費は安くても引っ越し代を含めたトータルでは割高になる場合もあります。技術のない業者に依頼すると、その場の工事費用は安いかもしれませんが、次の地震で再沈下が起こることもあります。目先のコストだけでなく実績をよく見て、慎重に業者は選んでください」

「安物買いの銭失い」をしないよう、私たちは「賢い施主」になっていく必要があります。

岡本さん　Xアカウント　@IehikiOkamoto

ALL ABOUT THE CONSTRUCTION BUSINESS COLUMN

１０９巻続くレジェンド漫画『解体屋（こわしや）ゲン』

漫画『解体屋ゲン』の魅力が本コラムのテーマです。実は本書のまとめ方は原作者の星野茂樹先生に相談しており、本書の取材先に解体屋ゲンで紹介された会社が多く出てくるのもそのためです。

解体工事の漫画というとマニアックな作品と思われがちですが、ストーリーの軸は建設業界に置きつつ、「老朽化した旅館の解体を通じた町の再生」や「ＡＩと職人がどう向き合うか」など社会問題や最新のトレンドも取り扱っています。一部のエピソードは「未来予言」のようになっており「建設版こち亀（こちら葛飾区亀有公園前派出所）」とも言われています。本書では文字数の関係で深堀りできなかった「外国人技能実習生の問題」「トンネル崩落事故」「ゼネコンが過去の談合とどう向き合うか」など難しいテーマも特集されています。実はクラフトバンクも二回、（１０６巻と１０８巻）漫画に登場しています。

私も漫画好きですが、最近の漫画は「異世界転生もの」などが増え、「現実逃避色」が強くなっているように感じます。つらい現実を忘れたいニーズもあるので、現実逃避も必要です。しかし、一方で社会問題などリアルと向き合う漫画も必要でしょう。そんな中で、業界の良い部分も悪い部分も、現実を淡々と見つめ続ける、でも少々、エロやギャグも織り交ぜて読みやすくする、丁寧な取材で現場のリアルを描き続ける解体屋ゲンにはこのまま突っ走ってほしいと一読者として思います。

個人的おすすめは9～10巻、第87～91話の「海堡《かいほう》爆破」です。過去の技術に現代の技術者がどう向き合うかという深いテーマがコンパクトにまとめられています。

また、解体屋ゲンは漫画家自身が積極的にSNSを活用することで売上を伸ばす手法を取られています。原作：星野先生、絵：石井先生のSNSもぜひフォローしてみてください。

星野先生　Xアカウント　@KowashiyaGEN
石井先生　Xアカウント　@isshy22

第6章

工業高校・高専から学ぶ建設業界の採用・人材育成の世界

Chapter 6:

The world of recruitment and human resources development

ALL ABOUT THE CONSTRUCTION BUSINESS

1

学生1人に求人20社？ 工業高校と高専の進路指導室の今

第6章では「工業高校と高専」を入り口に、建設業界で働く人たち、採用と人材育成について解説していきます。人手不足や採用、人材育成に困っている建設会社から相談されたときや、転職やお子さんの進学を考える人に役立つ内容になっています。

「今、工業高校の学生を採用するのは大学卒の10倍以上難しい。高専生はさらに困難」

Ｙａｈｏｏ！ニュースにも転載された私の寄稿記事（※）は大きな反響がありました。

「求人倍率＝1人の学生に何社が求人を出しているか」を指標に考えます。

・大学卒　1・7倍（2024年リクルートワークス研究所）

・高校卒　3・5倍（2024年厚労省）

・工業高校卒業生　20・6倍（2023年全国工業高等学校校長協会、以下、全工）

・高専生　20～50倍（全国高等専門学校連合会）

今、工業高校や高専の学生は大手企業から引く手あまたです。工業高校から中小企業が採用をするのは困難になってきています。

私は首都圏の工業高校建設科の進路指導の先生に直接お話を伺う機会を得ました。その内容をまとめると以下の通りです。

・求人社数は15年前の5倍、1割以上の学生が上場企業もしくはそのグループに就職

・「高校卒で大手に入社したら、大学院卒の同僚と働くことになった」卒業生もいる

工業高校の学生が人気になる背景としては、二級土木・建築施工管理技士補など実用性の高い資格を取得していることに加え、現場で必要な溶接やＣＡＤなどを授業で経験しているなどがあります。自衛隊、国交省などの公的機関も積極的に工業高校の学生を採用しています。工業高校の学生は「全国規模の人材争奪戦」になっており、就職する学生の25％が学校のある県とは別の県で就職する「県外就職」し、県外就職率は九州、東北で突出して高い傾向にあります（全工調べ）。

コロナ禍などの景気変動があっても工業高校の学生の求人倍率は上がり続けており、不景気に強いとも言えます。

就職に強いのに減る工業高校

しかし「就職に強い」工業高校は減少を続けています。1970年代に全国736校あった工業高校は2023年517校まで減少（文部科学省）。定員割れの学校もあります。企業の評価が高い高専の数も増えていません。

また、リクナビなどの就職活動サイトを通じ、何社もエントリーできる大学生と違い、高校生には「1人1社制」と呼ばれる独自ルールがあります。「学校あっせん」の就職活動をする場合、生徒が学校から「推薦」を受けて応募できるのは原則1社だけです。このルールは法律によるものではなく、都道府県ごとに学校と経済団体が決めており、「学業に支障をきたさないスケジュールで就職機会を創出する」ためにあるそうです。しかし「いくつかの会社を実際に訪問してみて、進路を決める」ことができず、学生と企業のミスマッチにつながるとして、秋田、和歌山、沖縄は複数応募を認めているなど、県によって対応は分かれています。

企業側にも課題はあります。転職時の応募条件に大学卒以上を求める、部長などの幹部職は大学卒以外認めないなど、硬直的な人事制度の会社も存在します。高校卒で社会人経験を積んでから大学院でＭＢＡ（経営学修士）を取得して経営幹部になる人もこれから増えていいでしょう。クラフトバンクの執行役員は高専出身のＩＴエンジニア（20代）です。

受験偏差値ではわからないこと

課題はあるものの、工業高校、高専などの専門系学校が就職に有利なのは間違いありません。また、工業大学、医療大学、体育大学などの学生も企業から人気です。工業高校の中には「受験偏差値」が決して高くない学校もありますが、就職率は非常に高いです。「受験偏差値」だけでは就職率や就職後の年収はわかりません。

他方で「受験偏差値」が高く、ＭＡＲＣＨと呼ばれる都内の有名私立大学でも文系学科は学校に集まる企業求人は少ないです。求人倍率1以下、つまり学生の数より求人数が少ない学校もあります。国家資格を保有する高専卒の正社員の現場監督を補助するのが、慶応大学法学部卒の無資格・派遣社員というゼネコンの現場も実際にはあります。

日本はトヨタ自動車をはじめとする製造業や建設業、ＩＴ、医療などの「ものづくり」「理系」の産業で大きなお金が動きます。それにも関わらず、工業高校の数は減り、大学の博士課程に進んでも約3割が非正規雇用です。他方、私立大学は直近15年間、新設され続けました。多く新設されたのは社会学部などの「文系」学部です。結果「無資格・文系大卒」が増え、「理系」が不足する状況になりました。日本の大学は先進国の中で最も「文系学部」が多いというデータもあります。「工業高校の学生が企業から人気なのは安い給料で雇えるからだ」というコメントもありますが、厚労省統計を見ると「高校卒・建設業」の年収が「大学卒・飲食業」をすでに上回っています。地方の場合、大卒で市役所職員になるより、高専・工業高校から東京の大手建設会社に入社した方が年収は高いです。

住宅大手の積水ハウスのグループ会社は2023年に高校卒新入社員の初任給を月収ベースで11％引き上げました。高専に関しては三菱電機のグループ会社など大企業各社が4割増の採用計画を打ち出しています。

歴史や法律を学ぶ文系学科は社会に不可欠です。「文系理系」「年収」で物事を単純化することはできませんし、個人の向き不向きもあります。非常に難しい問題ですが、工業高校の学生の採用が過熱する一方、私立大学の約2割は経営難という現実を私たち大人は受け止める必要があります。

※ ビジネスインサイダー・ジャパン2024年6月掲載

ALL ABOUT THE CONSTRUCTION BUSINESS

2

女子大学と渋谷のファッション専門学校は、なぜ建築学科を開設するのか？

今、女子大学や専門学校が建築系の学科を次々と開設しています。

・武庫川女子大学（兵庫）建築学部　2020年4月開設
・共立女子大学（東京）建築・デザイン学部　2023年4月開設
・日本女子大学（東京）建築デザイン学部　2024年4月開設
・渋谷ファッション&アート専門学校　建築クリエーター科　2025年4月開設（予定）

共立女子大学

その中の一つ、共立女子大学の建築・デザイン学部の先生にお話を伺いました。同学部は1学年約120名、建築コース6割、デザインコース4割の比率です。

まず、建築・デザイン学部の開設経緯ですが、出発点は1968年開設の家政学部生活美術学科です。その後、2007年に家政学部建築・デザイン学科に改組、2023年に学部として「建築・デザイン」を前面に出す形で開設した経緯があります。

共立女子大学の他学部の2023年の受験倍率が2倍前後の中、同学部は6倍と人気です。その背景について、

「学部としての開設から1年なので、まだ何とも言えませんが、高校に説明に行った際に一級、二級建築士などの受験資格を得られることが生徒、保護者から評判が良いです。地方から上京して進学する学生もいます」

と先生は女子生徒の資格志向の高まりが背景にあると説明しています。

「建設＝男性のイメージ」について学生たちはどう考えているのでしょうか？

「OGがハウスメーカーなどの施工管理職、設計、デザイン職で活躍しているので、『建設＝男性のイメージ』を学生はあまり持っていません。ご家族が建設に全く関係ない学生の方が多いです。子供のころから家の間取りが好きで、という学生もいます。デザインコースもあるので、絵を描くのが好きでこの学部を選んだ学生もいます。あと、求人数は多いです。OGは大手ゼネコン、地方自治体の建築職などに進んでいます」

資格制度について補足します。一級、二級建築士の試験を受験するためには「建築に関連する学校で指定科目を修める」必要があります。建築系の学歴がない場合は建築設備士の資格取得か、7年以上の実務経験が必要です。国交省の指定学科を卒業すると、建設業法上の専任技術者などに短い実務経験期間でなることができます。学校選びの際は資格取得に有利な学科か確認することが重要です。

渋谷ファッション&アート専門学校

2025年に建築クリエーター科を開設予定の渋谷ファッション&アート専門学校の先生にお話を伺いました。なぜ渋谷の「オシャレ」な若者が集まる専門学校が、建築学科を新設するのでしょうか?

「創立以来、クリエイティブを大切にして運営してきました。ファッションで始まった学校ですが、その後アートの学科を新設。クリエイティブの延長にある建築にこの度、注目しました。法改正で2020年の試験から建築士の受験要件が緩和され、指定科目を修めて卒業すれば直ちに受験できるようになりました。改正前は2～3年の実務経験がないと受験できませんでした(改正後、実務経験は登録要件に緩和)。国交省によれば一級建築士の4割以上が60代以上で高齢化が進んでいます。若手建築士を育てれば企業のニーズもあると考えました」

と先生は学校としてのマーケティングの結果であるとお話しされています。

建築クリエーター科では現役の大工、インテリアデザイナー、建築士による製図や施工管理の授業が予定されており、実際に椅子、屋台などを製作する予定です。資格取得支援の仕組みも充実しており、卒業と同時に一級、二級建築士、一級、二級施工管理技士などの国家資格の受験資格を取得できるほか、在学中にインテリアコーディネーター、CAD利用技術者試験などの民間資格も受験可能です。

この2つの事例の背景を補足します。ヒューマンリソシア社の分析によれば、2023年、建設技術者として就職する学生の4人に1人は女性です。建設業界に新卒で入る学生は増加傾向にありますが、牽引しているのは女性です。また、女子学生、保護者の「リケジョ」「資格ニーズ」が高まっているのを感じます。工業高校の学生が減少した分、女子大、専門学校の学生でカバーしているとも言えます。

企業経営者の目線に立つと、女性が従事しやすい施工管理職、設計職、営業職や室内作業の多い内装職人などは相対的に採用しやすいものの、型枠工、鉄筋工など屋外で腕力を必要とする男性向け職種の採用がより難しくなっています。

ALL ABOUT THE CONSTRUCTION BUSINESS

3 建設業界の若者の採用を考える

「少子化が進んでいる上に、３Ｋの建設業界は若者に不人気だ」という意見があります。確かに日本全体で少子化は進んでいますが、第1章の通り、建設業界に入る新卒学生は減っていません。建設業界が若者に不人気だとしたら、なぜ女子大学や専門学校で建築学科が次々と開設されるのでしょうか？　「少子化」が「何もしないための言い訳」になっている会社も多いです。

今の人手不足は「若者が都会に出ていき、中小企業を選ばなくなった」ことで起きています。また、「頭の固いおじさん経営者」が、増加する女性就業者を採用できていないとも言えます。「大手企業が人材を育成する余裕がなくなってきたので、資格を有する学生を全国で採用するようになった」との声も聞きます。そんな中、採用競争が激化する「即戦力人材」を手間も費用もかけずに採用することは不可能です。

人が採れないと言いながら、知ってもらうための努力をしていない

では、地方の建設会社が採用するためには何が必要なのでしょうか？

まず情報発信が課題です。建設業界、特に職人の採用は有料人材紹介が使えないため、ホームページ（ＨＰ）、ＳＮＳなどによる「知ってもらうための努力」が不可欠です。ハローワーク（公共職業安定所）経由の転職も近年は減少傾向にあります。しかし、都内で私が調査をしたところ、施工実績、求人情報、ＳＳＬ認証（情報セキュリティ認証の一種で、ＵＲＬがhttps始まりになるもの。大手企業や公的機関、学校からのアクセス時に必要）といった「きちんとしたＨＰ」を整備している企業は、その地域の建設会社の3～4％しかありませんでした。スマホブラウザ対応になるとさらに少ないです。ＨＰさえ整備しておらず「知ってもらう努力」をしていない会社が多いのです。また、求職希望者から問い合わせがあっても放置する、面接官の態度が横柄など「本当に人手不足で困っているのか？」と疑問に思う対応をしている会社もあります。

建設業界の情報発信は動画と相性が良いので、動画コンテンツも有効です。ＬＩＮＥからも問い合わせできる導線など、採用できている会社のＨＰには工夫が詰まっています。

Instagram、ｎｏｔｅなどのＳＮＳは無料で始められるので、費用負担を気にせず活用できます。大半の会社が無料でできる発信さえしていないので「きちんとした会社」はそ

れだけで大きな差別化になるのです。Indeedなどの求人広告媒体でPRしても結局、求職者はその会社のHPを見るので、HP整備は不可欠です。

応募はあっても面接で辞退されるケースもよく聞きます。「会社の業務の説明をしていたら、紙と電話のアナログな仕事の仕方に驚いて若者が入社辞退してしまった」事例もあります。中学生からスマホでLINEを使って生活している若者たちに「昭和の紙と電話の業務」を押し付ければ辞退されます。2025年から共通テスト（旧大学入試センター試験）に「情報」科目が追加されます。令和の若者は学校の授業でプログラミングを学んでいるのに、大人たちは「IT音痴」のままでいいのでしょうか。

建設業界に転職を検討している方は、ビジネスモデルや業界構造に加え、会社、特に経営者をよく見てください。HPから「経営者の真剣さ」を見るとよいでしょう。

「見て覚えろ」からの脱却

また、専門系学生の採用が難しくなる中、このあと紹介する長浜機設のように普通科・文系の学生を対象にした採用・育成戦略が中小企業には必要です。しかし、昭和の「見て覚えろ」的な「職人の修行」の発想から脱却できない経営者もいます。

「建設は経験工学なので、簡単に教えられない」、本当でしょうか？　私は自社の新入社

員研修を担当しているほか、資格関連の研修講師もしています。人材育成には、

・きちんと言語化すれば伝えられること

・現場で失敗し、経験しないとわからないこと

の二種類があり、前者を研修で伝えていくことは十分可能です。言語化することで、「教える人によって内容が違う」などのバラつきも減らせますし、「修業期間」も短くできます。これまで見てきたように修業期間を短縮するテクノロジーも多く実用化されています。研修施設や育成プログラムの充実した会社に今、人材が集まっています。

もちろん左官のように人の手でしかできない技術は修業が必要ですが、請求書作成などの事務処理などはＩＴツールで合理化できます。第3章で紹介した左官のアートレイズはクラフトバンクの技術で事務処理を大幅にデジタル化・効率化しています。

ALL ABOUT THE CONSTRUCTION BUSINESS

4

愛媛の小さな工事会社が毎年若者を採用できる理由

実際の事例から地方の中小企業の採用、人材育成を考えます。

「驚きました。工業高校に行ったら、進路指導室に求人票と会社案内が段ボール2箱分、積みあがってるんです。だめだこりゃと思って普通高校の学生を採用するしかないと思いましたね」

愛媛県大洲市、人口3・7万人の小さな市の工事会社、長浜機設の代表取締役、福岡さんのコメントです。同社は法面（のりめん、山地を削る、土を盛るなどしてできる斜面のこと）やプラント工事を手掛ける社員数30名の会社です。典型的な「地方の中小企業」ですが2017年から毎年高校新卒生を採用。県内12校、累計18名を採用し、3年以内離職率は22％です。多くは普通高校の学生です。専門系学生の採用が難しいため、福岡さんは普通高校を積極的に訪問することにしました。

普通高校の学生をどのように採用するのか？　工業高校の学生は家業が建設会社で業界のことをよく知っていることが多いですが、普通高校、特に文系の学生は建設業界のことをよく知りません。福岡さんは説明会に出て、先生、保護者、学生に愚直にPRすることから始めたそうです。愛媛は2018年の西日本豪雨の被害を受けているので、説明会では災害後の建設会社の役割も話しています。Instagram、YouTubeも採用目的で続けています。

「来てくれた学生を必死で育てて、入社半年後に母校に連れていきました。成長した様子を先生に見せたら、先生も喜んでいましたね」

と福岡さんは学校側のケアもしています。

また、同社では施工管理技士試験の勉強会だけでなく、投資を学ぶマネーセミナーも開催しています。あと、初任給、役職昇格時に親御さんと食事をするための「親孝行手当」を支給するなど、技術的なところから社会人教育まで「めちゃくちゃ手間をかけて」人材育成をしています。

では、どういうきっかけで福岡さんは「ここまでやる」ようになったのでしょうか。

長浜機設の社員旅行の様子（中心にいるのが福岡社長）

「お恥ずかしい話、うちも開業当初はブラック企業です。私自身、ブラックな環境で育った職人なので、最初はその通りに社長として会社を運営しました。サービス残業当たり前、現場では部下を怒鳴りまくってました」

と福岡さんは創業時を振り返ります。

「社員が20名まで増えたころ、これじゃダメだと気が付き、社内改革を始めました。改革の効果が表れ始めたとき、反対派の社員が一気に6名辞めてしまったんです」

会社がよくなってくると人が辞める。建設会社ではたびたび起きる現象です。

「窮地の私は『思い付きの求人ではなく、5ヶ年の要員計画を立て、計画的採用をする』『求職者から見た自社の魅力を考える』、この2つを考えました。5年後の売上、利益から逆算し、思い付きの縁故採用を辞めました。また、学生たちの話をよく聞くと、県外に就職していくものの、本当は地元に残りたい、県内にどんな企業があるかよく知らない、経済的な自立を求める学生が一定数いる、などもわかってきました。あと、採用説明会は私のようなオッサンよりも若手社員が説明した方が満足度高いとか(笑)」

そこで、同社は採用目的でSNSを強化しますが、SNS(TikTok)経由で工事の新規受注を獲得するなど、業績面でも効果があったようです。

「労働環境の悪さから前職を退職、うちに転職してきた中途社員もいます。あとは愛媛県の『奨学金返還支援制度』(奨学金返済の一部を自治体が補助する制度)の登録企業になっています。あとはクラフトバンクさんのITツールを導入して、残業時間の削減ができたのも離職率の改善に役立っていますよ。事務員が手作業でやっていた集計がなくなり、部門ごとの残業時間を自動集計できています。工程管理もスマホでできますし。ITは若者の方が長けているので、彼らに教わっています」

と支援制度や業務効率化についても説明してくれました。

奨学金と少子化

奨学金について補足します。日本学生支援機構（以下、学生機構）の貸与型奨学金を利用している人の３割が「返済が重荷で結婚・出産に影響」と答えています（２０２２年労働者福祉中央協議会の調査）。調査対象者の奨学金負担額の平均は３１０万円。学生機構調査では奨学金を受給している学生の割合は大学（昼間部）の55％と半数を超えます。私立大学の学費が上がり、奨学金負担が若者の大きな重荷になり、結果、少子化にもつながっています。こうした背景から奨学金返済支援に取り組む地域の建設会社が増えています。

長浜機設YouTube　長機ちゃんねる　@nagahamakisetsu

ALL ABOUT THE CONSTRUCTION BUSINESS

5

建設業界の離職率は高いのか？
——ミスマッチを防ぐために

「建設業界は離職率が高い」のでしょうか？　実は建設業界の離職率は高くありません。

産業別の離職率（年間離職者数÷年始の労働者数）を見ると建設業の離職率は10％で、全産業平均の15％を下回っています。製造業と同水準で、他産業比で離職率が高いとは言えません。離職率が26％と突出して高いのは宿泊業、飲食サービス業です。建設業の離職率が18％と突出して高かったのは公共投資の削減が相次いだ２００２年ごろと、景気が大幅に後退した２００９年ごろです。以降、建設業の離職率は10％前後で全産業平均を下回っています（※1）。

では、新卒学生の離職率はどうでしょうか？　新卒学生の就職後3年以内離職率（※2）を見ると建設業は、

・高校卒：全産業平均37％を上回る42％

図1　産業別離職率

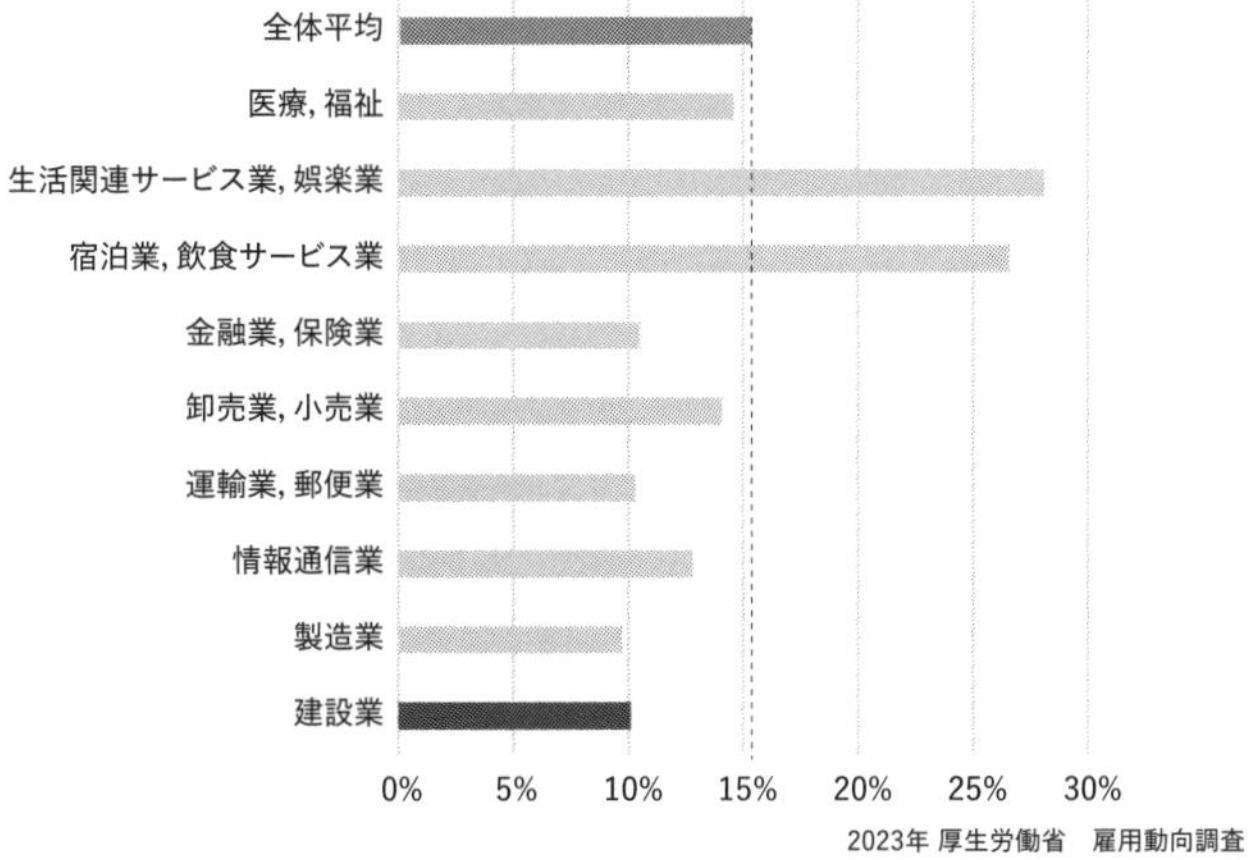

・大学卒：全産業平均32％を下回る30％

62％の飲食、サービス業、46％の不動産・賃貸業、46％の医療福祉業と比較すると建設業の離職率が突出して高いとは言えません。ただ、それでも就職から3年以内に3人に1人が辞めてしまうわけなので、業界として改善の必要はあります。特に社員数の少ない会社の離職率が高いです。離職率を改善していくにはどうすればよいでしょうか？

工業高校卒の学生の離職率は16％と低いです。工業高校の数は減っていますので、建設業界を選ぶ普通科の学生が増えています。本書で例として挙げた会社のように、普通科の学生の人材育成に取り組む中小企業は全国的にもまだ少なく、「育てられない会社から人が辞めている」のです。

職種のミスマッチ

統計に表れにくい点で、職種のミスマッチにも注意が必要です。これまで見てきたように、大手企業が積極的に工業高校の学生を採用しています。学校としても大手企業入社の実績は作りたいでしょうし、給与水準は大手企業の方が高い傾向にあります。大手ゼネコン、サブコンは施工管理職(監督)、中小企業は技能職(職人)としての採用が多いです。

施工管理職の場合、社会人経験の少ない若者が、自分よりはるかに年上の「怖い」協力会社の社長たちと「お金」も含めた様々な調整、交渉をしなくてはなりません。大きな新築現場であれば関わる会社も多いです。現場で「板挟み」のプレッシャーを受けることになります。現場が終わった夕方以降に書類作成と調整に追われるため、職人より施工管理職の方が残業は多いです。知識とは別の精神力、体力、コミュニケーション力が求められます。まずは補助的な役割、難易度の低い現場から慣れていく必要があります。育成環境が整っておらず、資格があるからと、いきなり「人数合わせ」で大きな現場に投入される会社ではせっかく業界に入った若者が「つぶされる」可能性があります(いきなり監督ができる適性の高い方もいます)。また、同じ施工管理職でも既存設備の改修工事の場合は、関わる会社の数は少なくなりますので、コミュニケーションの負荷は下がります。会社を選ぶ際は、現場の大きさと個人の適性を見極める必要があります。

手を動かしてものづくりをしたい学生に向いているのは職人です。職人の方が施工管理より給与水準が低いことが多いですが、その分、交渉事は減り、残業時間は少なくなります。実際に工業高校卒で施工管理になるものの、自分の適性が合わないと知り、職人に社内異動したケースもあります。ただし、職人は現場までの移動時間が長くなる傾向にあり、「日給制」と呼ばれる独特の給与制度の問題があります（第7章でも解説します）。

別の問題として、施工管理から職人に人材紹介会社を通じて転職することが現状の法令では制限されています。人材紹介会社にも残業の多い施工管理から、残業の少ない職人への転職希望はあるものの、法律の壁があり、支援できないのです。

業界としてミスマッチをなくしていくためにも、職種や会社、個人の適性による違いを正確に求職者に伝えていく必要があります。また、施工管理から職人への転職（その逆も含む）を解禁するなど、有料人材紹介に関する規制緩和の議論も必要です。

※1　2023年厚労省　雇用動向調査
※2　2020年3月卒業者　厚労省　新規高卒就職者の産業別就職後3年以内離職率

ALL ABOUT THE CONSTRUCTION BUSINESS

6

結婚するなら公務員、銀行員、建設業？

本章の最後に「結婚」の観点でここまで見てきた事例を考えてみます。

「男性は女性よりも一回も結婚しないで生涯を終えやすい」

統計分析をしていると時々「身もふたもない」データに当たりますが、その中の一つが「生涯未婚率」です。結婚するかは個人の自由ですが、働く環境や収入などの外的条件の影響も受けます。結婚に関心がある方は知っておいた方がいいでしょう。

「生涯未婚率＝50歳で一度も結婚したことがない人の割合」を見ると、2020年時点で男性28％、女性18％と男女とも過去最高になりました。男性の方が女性よりも10％以上、生涯未婚率が高いです。これは「人生で2回以上結婚する男性」と「1回も結婚できない男性」が存在し「時間差一夫多妻現象」が発生するためです。さらに男性の場合、年収が下がるほど未婚が増えます。「弱者男性」（年収が低く、友人や恋人がいない男性の総称）という言葉がありますが「男に生まれると大変」なのです。「やりたいことがない」と悩む若者には「とにかくスキルを身に付けてお金を稼ぐ大切さ」をお伝えしたいです。

「働く業界によって結婚できるか変わる」、これも統計で傾向が出ています。結婚したい男女はどのように職業を選ぶとよいのか？　2022年の厚労省の就業構造基本調査から35～44歳の男女の産業別未婚率を計算した結果が図2の通りです。

男性で未婚率が低い「第一グループ」は公務員、銀行員などの金融保険業、電気・ガスなどのインフラ系です。いわゆる「安定している」とされる産業です。しかし、公務員はピークから1～2割、銀行員は2割、自治体の合併、銀行の再編などで減少しています。次いで未婚率が低い「第二グループ」が不動産、建設、医療福祉関係です。製造業、卸小売業、運輸業あたりが「第三グループ」となり、IT、マスコミなどの情報通信業、宿泊・飲食業、サービス業が「男性未婚率が高い」産業になります。職業別に見ると男性医師の未婚率が突出して低く、音楽などのアーティスト系、ドライバーなど運送系の男性の

図2　産業別35~44歳時点未婚率

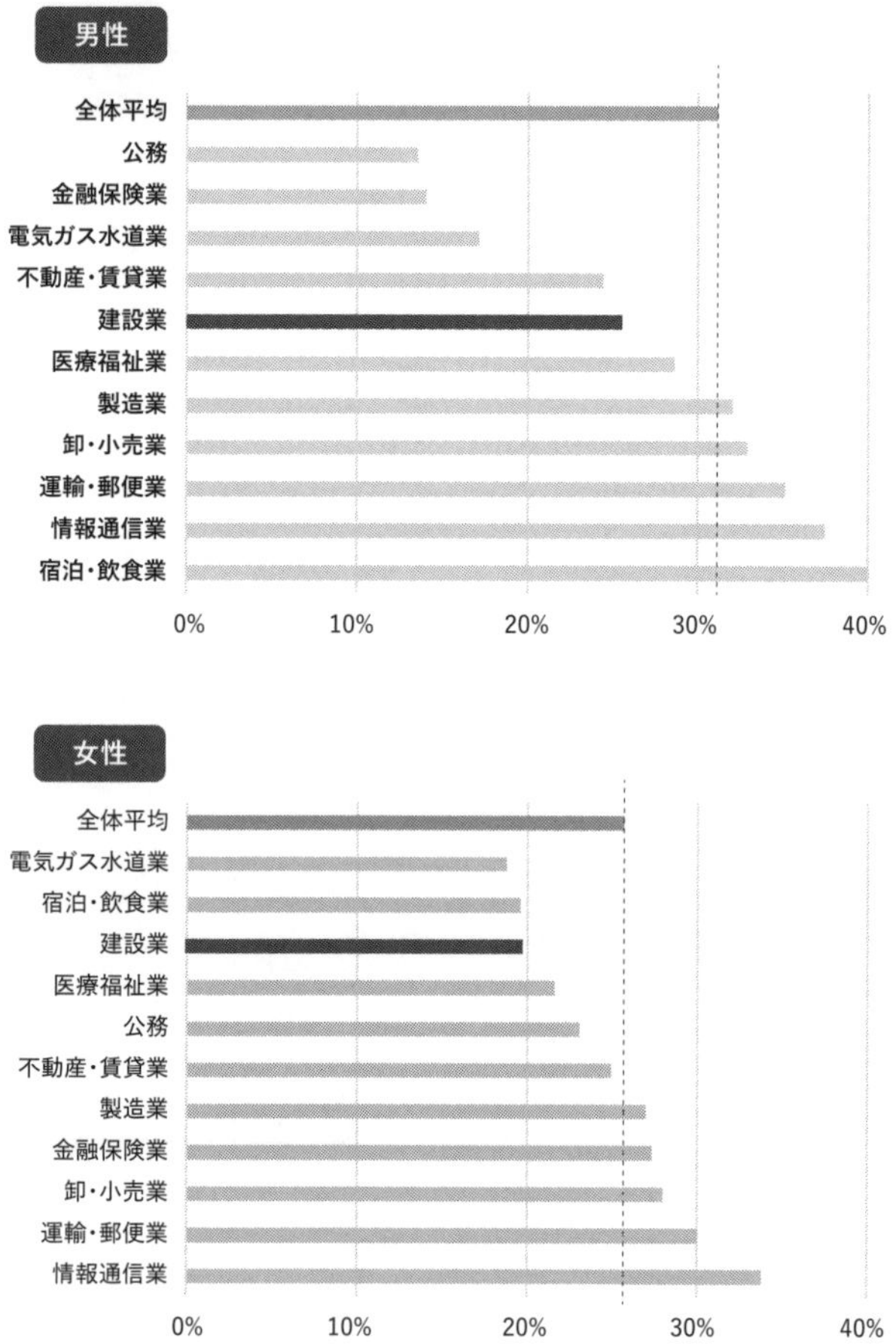

2022年　総務省　就業構造基本調査

未婚率が高くなります。

女性で未婚率が低い「第一グループ」は電気・ガスなどのインフラ系、宿泊・飲食業、建設業です。男性と傾向が違いますね。医療福祉、公務員、不動産・賃貸が「第二グループ」。

運輸、情報通信業などが「女性未婚率が高い」産業になります。職業別に見ると女性の福祉関係、看護師の未婚率は低く、経営・金融専門従事者、著述家、記者・編集者の女性の未婚率が高くなります。

この未婚率がなぜ産業や男女で差が出るのかは諸説ありますが、男性にとって建設業は「医師、公務員、銀行員には負けるけど、そこそこ結婚しやすい産業」で、女性にとって建設業は「周囲に男性が多く、結婚しやすい産業」になります。最近は男性職人と職場結婚するゼネコンの女性施工管理もいるそうです。大学の学費が上がり、奨学金負担が増す中、学費負担が少ない高専や工業高校から早く社会に出て活躍し、若いうちから稼いで、早く結婚する。そんな建設業界の「結婚事情」が見えてきます。

厚労省2020年度人口動態職業・産業別統計を見ると「建設・採掘職」の平均初婚年齢は男性、女性とも平均より1歳以上早く、建設業は「結婚が早い」産業と言えます。さらに、建設・採掘職男性の場合、結婚が早いため「第三子以上」がいる確率が高い傾向にあります。「地元の建設会社に勤める、昔やんちゃだった男性が家族に恵まれて幸せそう」なのが統計的に読み取れます。講演で私がこの話をすると、参加者が納得されるので体感値とズレてはいないでしょう。「俺たち少子化に貢献してないか?」と笑う子だくさんの建設会社の社長もいます（その人は結婚二回目ですが……）。

ALL ABOUT THE CONSTRUCTION BUSINESS COLUMN

舞台役者から建設現場の監督に転職した女性の話

「珍しい転職」の例として「舞台役者から現場監督」に転職された女性のお話を伺いました。建設現場に施工管理派遣を行っている株式会社ライズに勤務され、派遣の形でゼネコンの現場で監督をしているKさんです。

Kさんが建設業界に転職する前はどうだったのでしょうか。

「もともと舞台役者で、役者業以外では飲食店などで働いて生計を立てていました。人材エージェント経由でライズに入社しました。正直、入社するまでは施工管理がどんな仕事かよくわかっていませんでした。建物って大工さんが作ってるくらいのイメージしかなくて、職人さんに施工の指示をしているのが現場監督だということすら知りませんでした」

とKさんは振り返ります。全くの異業種になぜ転職したのでしょうか。

「どうせやるなら、今までやったことのないことに挑戦しようと思ったからです。確かに舞台役者と現場監督は全く異業種ですが、実際に働いて感じたのは、舞台と建設現場は似ているなと思いました。現場には色んな職人さんがいます。大工さんや鉄筋屋さん、足場を組む鳶さん。その人たちが一つの建物を作るために自分の仕事をしている。それを工期までに施主様へ引き渡す。舞台も一つの芝居を観に来たお客さんへ上演期間にお見せするために照明スタッフ、音響スタッフ、役者が準備をします。現場監督はいい建物を施主様へお渡しする演出家のようなもののように感じました。ものづくりという点では、舞台と現場は共通するものと感じています」

舞台と建設現場は全く違うと私は思っていましたが、Kさんの考え方は柔軟でした。入社後はどのような働き方をされているのでしょうか。

「入社後に研修があり、建設に関する基礎知識を社長自ら講師として教壇に立ち、教えていただきました。CADも全く触ったことがありませんでしたが、専門学校で基礎から教えていただきました。その後、ゼネコンの建設現場で施工管理補佐として経験を積み、仕事の合間に資格勉強をして、昨年、二級施工管理技士補の資格を取得しました」

資格を取ってから建設現場で仕事をするのではなく、現場監督として働きながら資格を取られたのですね。

「ライズでは、ほとんどの社員が建設業界未経験者です。私と同じように、前職ではアルバイトをしていて、正社員として働きたいと思い、入社した社員が多いですね。私も建設業界は資格がないと働くのは難しいと思っていたのですが、職人さんとコミュニケーションを取りながら施工指示をするという点では、資格を持っていなくても、人とのコミュニケーションができる接客業の経験がある方のほうが長けていると感じます」

職人さんの中には見た目が怖い方もいますが、驚いたことはなかったのでしょうか。

「確かに入社間もない時は驚きました。背中とか腕ならまだしも、頭に入れ墨が入っている方に会ったことありますよ（笑）でも実際話をすると、そういう方に限って気さくで優しい人が多い印象ですね。例えば、私が専門用語だったり、施工方法でわからないことがあり、『？・？・？』という顔をしていると『仕方ねぇな』という感じでわかりやすく説明してくれます（笑）」

施工管理に向いているのはどんな人だとKさんは感じているのでしょうか。

「一緒に働いている同じ監督や、職人とコミュニケーションを取って、わからないことが多くても、施工方法に興味を持ち、施工不備や不安全に関して、少しでも違和感を感じたら是正させることができる人が施工管理に向いていると思います。正直、入社して7年現場監督として勤務してきましたが、今でも私は施工管理としてはまだまだだなと感じています。最初から違和感を感じるのは難しいし、私もまだわからないことが多いですが、これから経験を積み、色んな建物の施工に携わりたいと思います」

異業種から建設業界に転職する際の参考になれば幸いです。

第7章

給与明細から学ぶ建設業界の給料と働き方の世界

Chapter 7:

The world of salary and work style

ALL ABOUT THE CONSTRUCTION BUSINESS

1

建設業界の給与明細 手に職、残業、日給

第7章では建設業界の給料と休日、労働時間などの働き方について解説していきます。
建設業界の給与の４つの特徴を解説します。

① 手に職　若い時から稼げて60代以降も下がりにくい

建設業の世代別平均年収を見ると、20～30代は製造業など他産業を上回り、40～50代で製造業に抜かれるものの、60代以降の年収が下がりにくい特徴があります。「手に職」と言われますが、技術と資格があれば若いうちから稼げて、サラリーマンのような「役職定年による年収の大幅ダウン」が少ないのです。言い換えると年功序列色が薄い、実力主義の世界とも言えます。

図1　産業別年収/年齢

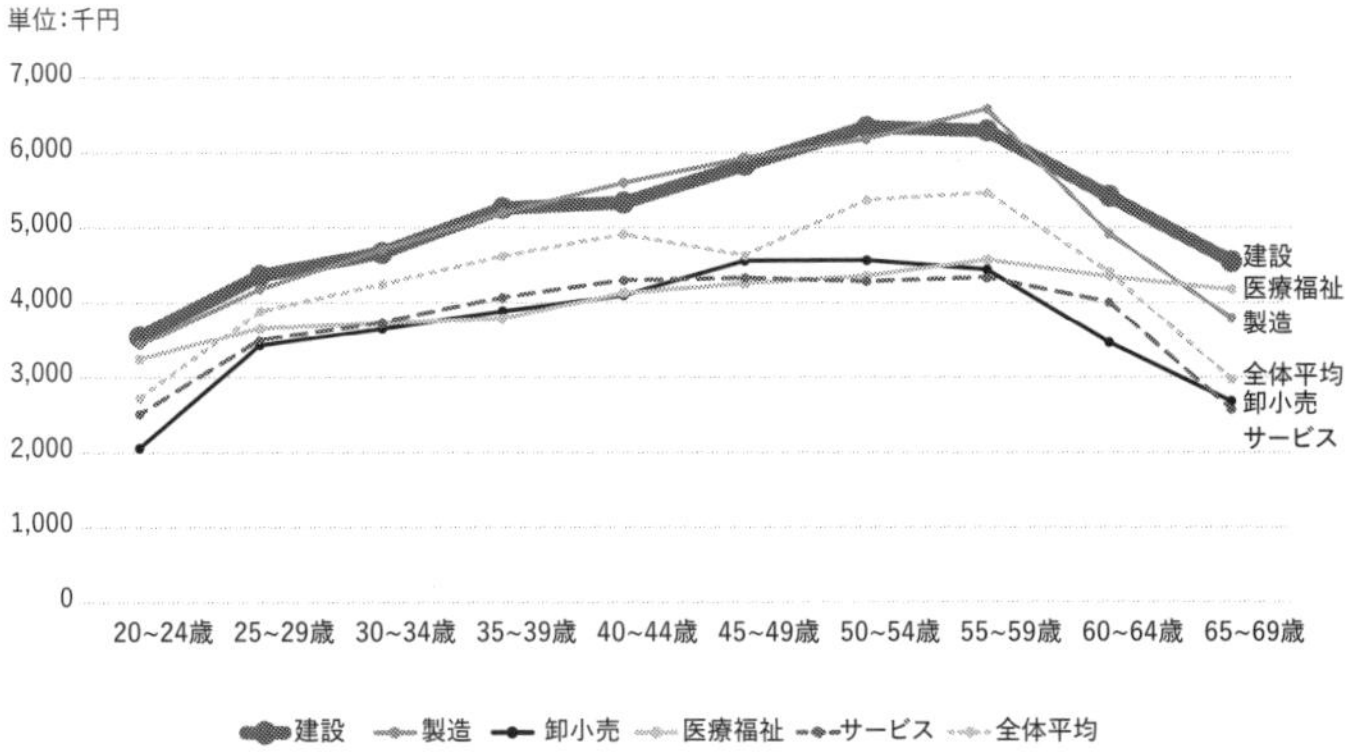

国税庁　2022年　民間給与実態調査

② 年収に占める残業代・休日手当の比率が高い

年収に占める残業代・休日手当の比率が他産業より高いのが建設業界の特徴です。賞与を含む年収の10％前後が残業・休日手当です（※1）。

施工管理は建設業界の中でも特に残業時間が長いです。厚労省のガイドラインで過労死のリスクが高まるとされる「月80時間残業をしている社員が一人でもいる事業所の比率」を見てみると、施工管理で33％、職人で22％です。これは事業所単位の集計なので「社員全員が長時間残業をしている」わけではありません。実際は特定の数名に残業が集中していることが多いです（※2）。

特に大手、建築の現場の施工管理ほど残業が長時間化しやすくなります。これは関わる会社数が増え、調整や発注業務が複雑化し、作成書類が多くなるためです。県と市で書類の書式が違うなどの行政側の問題もあります。職人たちが定時で帰った後に施工管理は残業で書類仕事、というケースも多いです。2021年にはゼネコン最大手の清水建設の男性社員が過労自殺する、痛ましい事件が起きています。

土木の現場の施工管理の残業は長時間化しにくいものの、建築と比べ、屋外の業務が多くなります。

職人は残業が少なく、定時上がりが多いです。しかし、後述の「日給制」という独特の給与計算方法の問題があります。また、建設の仕事は自宅、会社のオフィス、現場の距離が離れています。そのため職人としては自宅から現場に直行直帰したいのですが、半数近くの会社で勤怠管理方法が「タイムカード」「紙の手書き」であるため、わざわざ打刻のために会社の事務所に寄る「無駄な移動」が発生します。そのため職人は会社までの通勤、現場までの移動時間を含めた「総拘束時間」が長くなる傾向にあります。都市部の現場の場合、渋滞を避けるため早朝の移動などもあります。

③ 中小企業の日給制

「職人殺すに刃物はいらぬ、雨が三日も降ればいい」。業界でかつて言われていた言葉です。毎月収入が変わらないサラリーマンと違い、職人は台風などで出勤日数が少ない月は給料が減ることがある、と聞くと驚かれることでしょう。この出勤日数に応じて月収が変動する「日給制」の職人が全体の4割弱です。施工管理でも2割弱が日給制です（※2）。企業に雇用されない「一人親方」の場合、さらに日給制の比率は上がります。

最近は職人の待遇改善が進み、月給制の会社が増え、日給制の会社は減りましたが、未だに中小企業を中心に「日給制」が残っています。建設業界は毎年3月に年間の受注の2割以上が集中するなど季節産業であることもあり、高度経済成長期にこのような給与の払い方が定着し、現在も残っているのです。

この日給制は若手に大変評判が悪く、国交省の調査では建設会社の若手の離職理由のトップがこの日給制です。ちなみに、2位が移動の多さ、3位が休みの取りにくさで給料への不満は実は4位です。繁忙期にたくさん出勤すると稼げるので、日給制の方が良い、という年配の職人も多く、「日給制問題」は世代間のギャップが大きいです。

④ 基本給を抑え、手当や賞与を厚くする

建設業は基本給を低めに抑え、資格手当、役職手当、賞与を厚く払う会社が多いため、業界経験が長くても「無資格・役職なし」の社員の給料は上がりにくいです。「職長」と呼ばれる職人のリーダーや、腕のある「職人」と「単なる作業員」の間に格差があるのです。経験年数が短くても「腕と統率力」で職長になれば稼げる仕事と言えます。

「資格がなくても腕のいい職人はいる」のは事実ですし、資格が無くてもできる作業は多くあります。しかし、法令上、有資格者を配置する必要のある現場もあり、有資格者が社内にいると「売上につながりやすい」です。そこで、資格手当を厚くする会社が多くなります。

また、職人の「腕」は工事の技術に加え、近隣住民へのあいさつや取引先とのコミュニケーション、段取りや判断力なども含まれます。「飲食業界出身でコミュニケーション力の高い職長の下に、口下手の職人が付く」ことも現場では起きています。「なんとなく続けても給料は上がらない」世界です。

※1　厚労省　2022年賃金構造基本統計調査
※2　厚労省　2018年過労死等に関する実態把握のための労働・社会面の調査研究

ALL ABOUT THE CONSTRUCTION BUSINESS

2

建設業界の給料はぶっちゃけどうなのか？

「建設業界の給料は低い」、国交省の資料にもそう記載があるので、若干誤解を招いていいます。きちんと統計を検証してみると、以下の通りです。

・建設業界はこの10年で最も平均年収の上がった産業
・建設業の男性の平均年収は製造業と比較すると低いが、卸小売業、サービス業より高い
・建設業の女性の平均年収はサービス業などの他産業比で高く、男性と同じくらい稼げる
・ただし、労働時間が長いため「時給ベース」では製造業に劣る
・あくまで全体平均で、小さな会社で働く職人や一人親方の給料は上がっていない

国税庁・民間給与実態調査の２０２２年と２０１２年の産業別平均年収の比較を見てみると、建設業の平均年収が伸び、サービス業、卸小売業があまり伸びていないことがわか

図2　産業別平均年収（2012→2022）

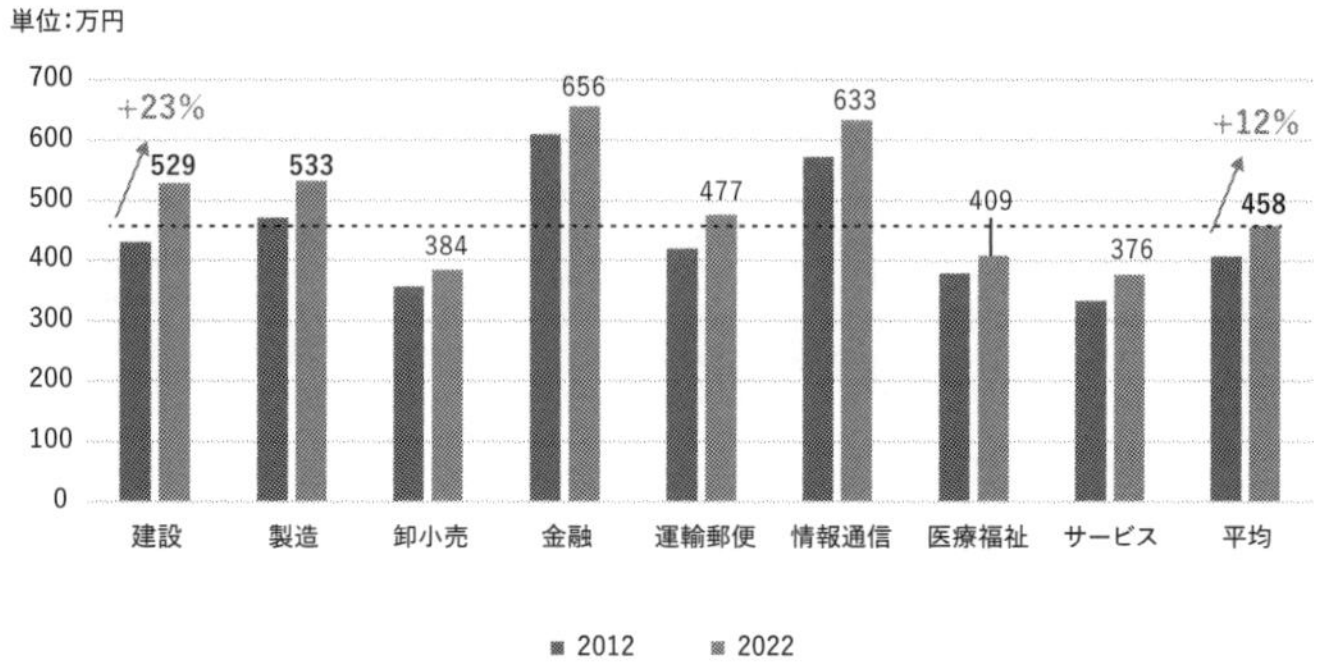

国税庁　2022年　民間給与実態調査

ります。10年前の建設業の年収水準が低すぎたせいでもあり、上がったというより「適正水準になりつつある」とも言えます。

２０２２年の産業別年収を男女別に見てみます。

男性は製造業、卸小売業、サービス業、建設業で働く人が多いです。この4産業を比較してみると、建設業の年収水準は製造業に若干劣るものの、卸小売業、サービス業と比較すると年収３００万円以下で働く層が13%と少ないです。これは建設職人の人材派遣が法令で制限されているため、非正規雇用が少ないことが影響していると考えられます。「建設業の給料は世間で言われるほど今は悪くない」と言えます。ただ

図3　男性の年収分布

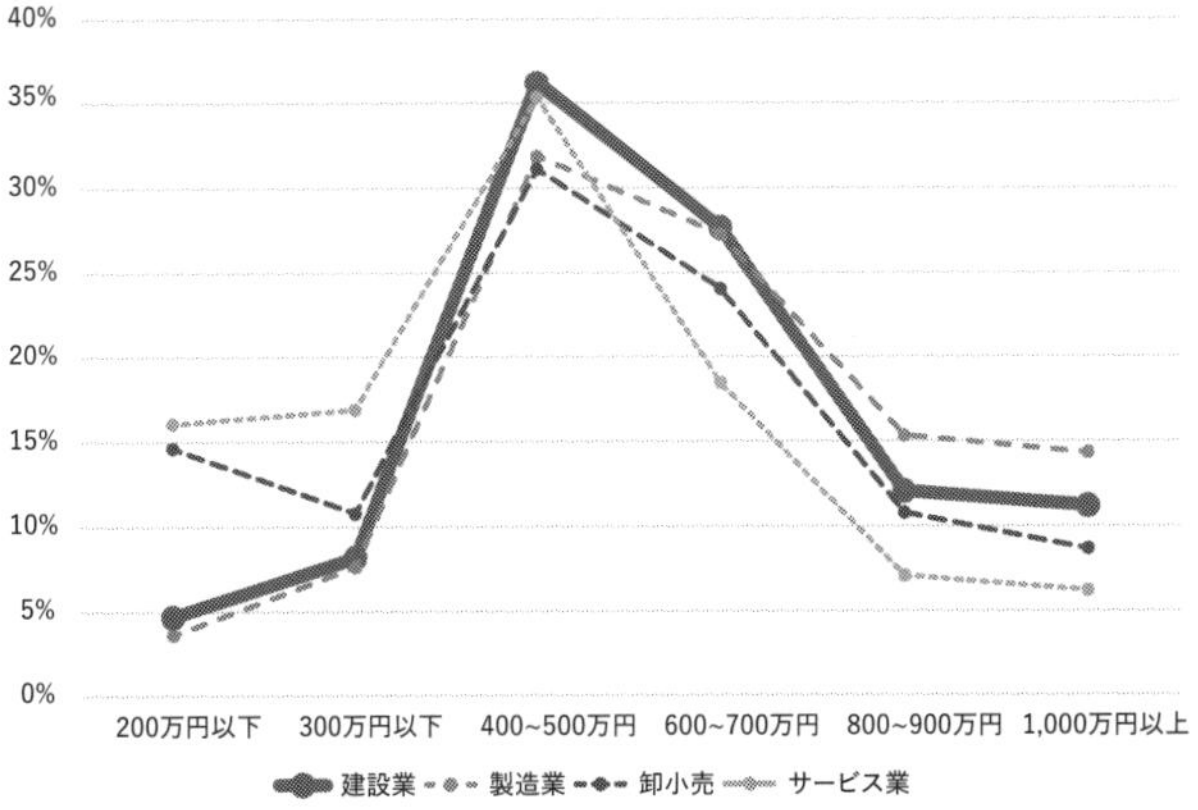

国税庁　2022年　民間給与実態調査

し、建設業は酷暑、厳しい寒さでの屋外業務があり、さらに災害後の復旧にも従事します。屋内作業が多い製造業と比較すると、「過酷な分もっと給料を上げるべき」と言えます。

　女性は医療福祉業、卸小売業、サービス業、製造業で働く人が多く、女性就業者全体の２～３％しか建設業就業者はいません。卸小売業、サービス業で働く女性の６～７割が年収３００万円以下と男性と比較すると年収が著しく低いことがわかります。介護関係の就業者が増加している医療福祉業でも、４割以上が年収３００万円以下です。

　その中で、建設業で働く女性の平均年収は、男性と大差がありません。建設業で働

図4　女性の年収分布

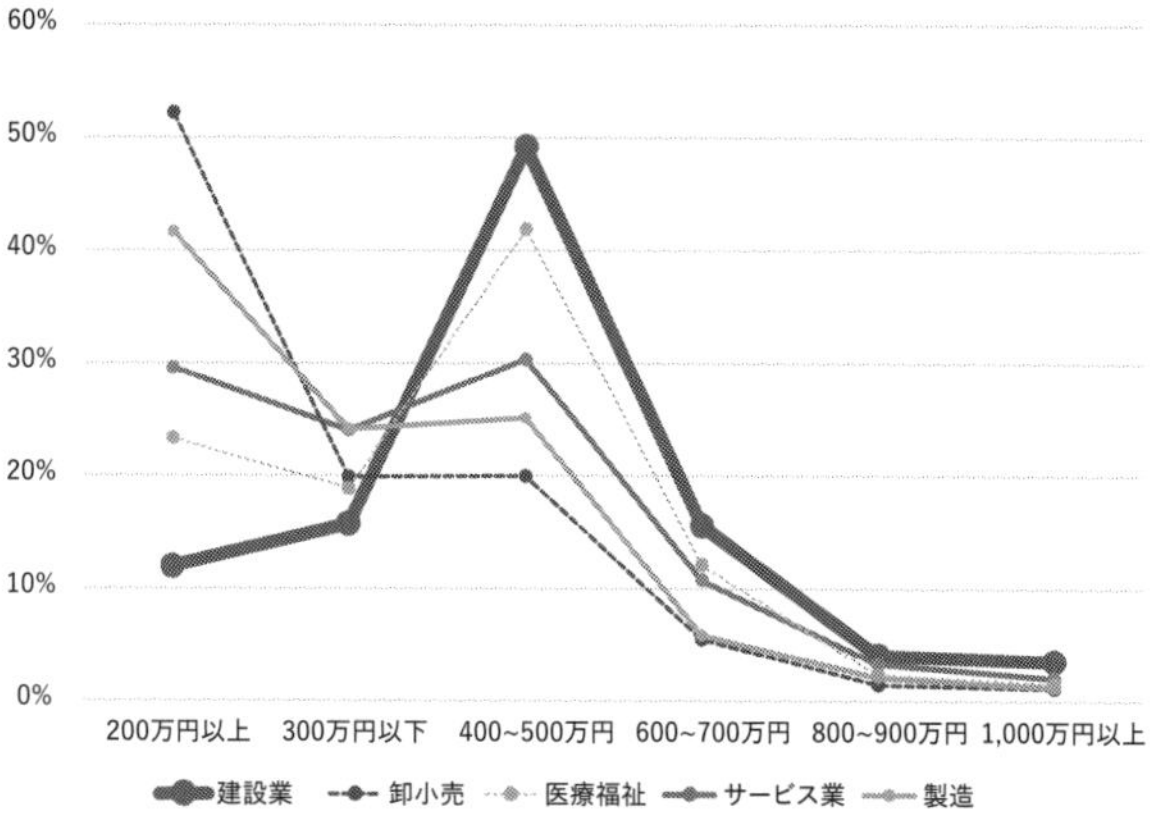

国税庁　2022年　民間給与実態調査

くシングルマザーの方も「男性と同じ額の給料が稼げる」と述べており、「建設業は女性の貧困を救う可能性がある」のです。

「日本人の給料が上がらない」のは女性の給料が低く抑えられ、特に卸小売、サービス業の非正規雇用が多く、給料が低いことが影響しています。経済協力機構（ＯＥＣＤ、日、米を含む先進国38ヶ国が加盟する国際機関）のデータによれば、２０２２年の日本の男女賃金格差はＯＥＣＤ諸国平均の2倍です。「１３０万円の壁」と言われる社会保険制度上の特徴から「非正規雇用で働き控え」をする女性が多いなどの背景もあります。

女性の給料を上げていくためには、製造、建設、ＩＴなどの業界の正規雇用で働く女性を増やす必要があります。ＩＴ業界では女性にＩＴスキルを身に付けてもらい、年収を上げる取り組みが始まっています。女子大で「リケジョ」を増やす取り組みが盛んなのも似た狙いと考えられます。

休みの少ない建設業界

建設業の労働時間は他産業より長いです。産業別月間出勤日数を例にとると、主要産業で最も出勤日数が多いです。他の産業では祝日に休めているのに、建設業だけ祝日がないことが「建設業界がブラック」と呼ばれてしまう背景にあります。２０２４年問題をきっかけに業界を挙げて休日を増やす活動をして、労働時間は毎年短くなっていますが、週休２日も定着しているとはいえません。民間工事と公共工事で比較すると、公共工事の方が休みの面では改善傾向にあります。他方で公的機関に寄せられる労働相談件数を産業別に見るとサービス業、福祉関係が多く、建設業は多くありません。「手に職」の業界なので「会社で嫌なことがあったらすぐ他社に行けるから」と考えられます。

ALL ABOUT THE CONSTRUCTION BUSINESS

3

建設職人の給料はもっと上げられる

「建設投資が伸び、業界全体で平均年収は上がっているかもしれないが、自分たちは恩恵を受けていない」、こういう意見も多くもらいます。この意見に対する回答は「建設業界は他産業よりも零細企業で働く人が全体的に多く、その人たちに恩恵が行き渡っていない」「お金があるのに人に投資していない」です。

小さい会社ほど儲かりにくく、給料が上がらない

「中小零細企業」とよくひとまとめにされますが、建設業界の場合、「中小企業」「零細企業」には大きな差があります。法律上の定義があるわけではありませんが、業界ではよく「売上1億円の壁」と言われるので、売上1億円を一つの基準にすると

①中小企業：売上1億円以上の会社（法人化、組織化されている）
②零細企業：売上1億円未満の会社（法人化されていない家族経営の個人事業主も多い）

前者は「企業」、後者は「家業」や「一人親方」という整理です。前者は一次請けと呼ばれる位置づけが多く、後者は二次請け、三次請けであることが多いです。「建設業界は中抜き産業で、大手ゼネコンが搾取している」と言われますが、実は①の中小企業に勤務する人の年収も上がっています。年収が上がっていないのは②の零細企業に勤務する人や一人親方です。建設業就業者の３～４割が②に勤務しています。

クラフトバンクが行った独自調査（※１）で「ここ数年であなたの給料は上がったか？」という質問をしたところ、所属する会社の規模が大きいほど、「給料が上がった」という回答が増えます。「所属する会社の業績は？」と聞くと、所属する会社の規模が大きいほど「業績は拡大」と答える回答が増えます。「小さな会社ほど儲かりにくく、給料が上がりにくい」のが建設業界です。「大手と中小の格差」よりも「中小・零細企業間の格差」が大きいと言えます。そのため私はあまり建設業界での起業独立を勧めません。経営に自信のある人以外は転職する方がメリットは大きいです。

図5　会社の規模別の年収

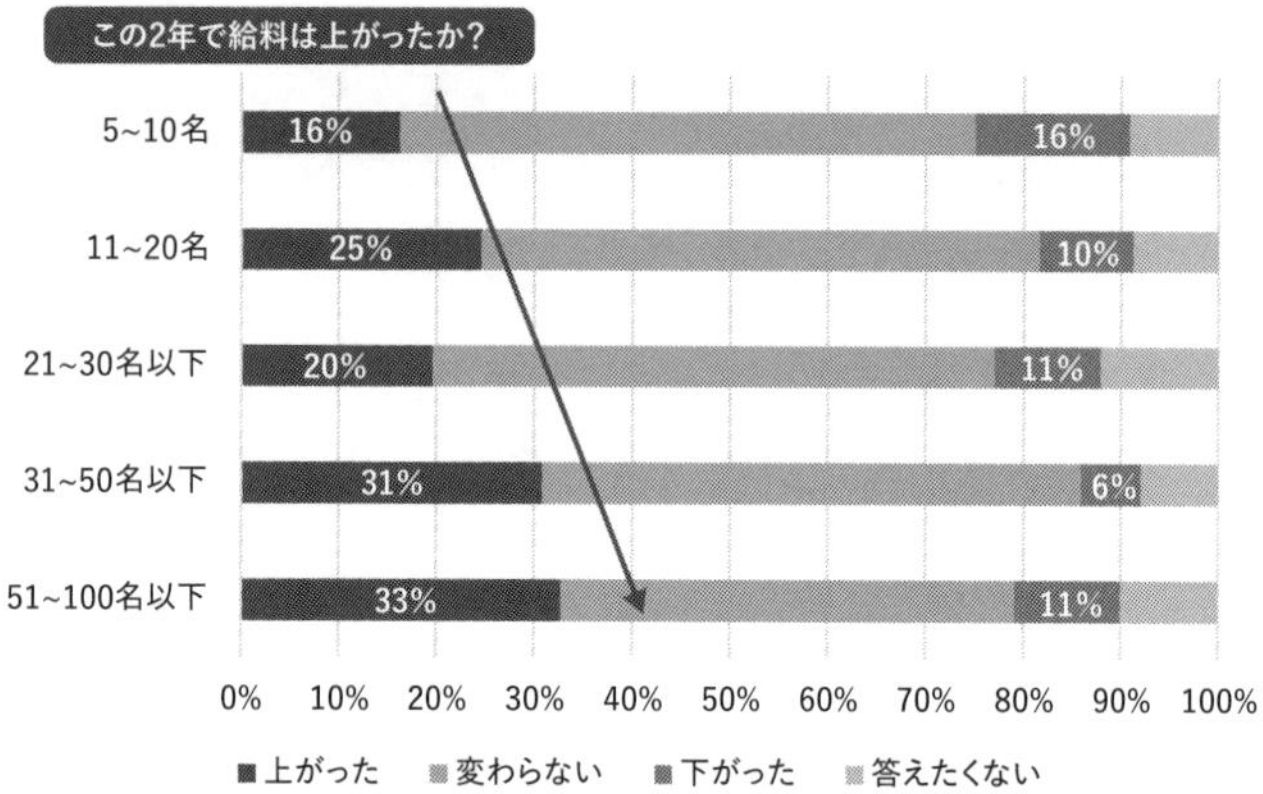

2024年8月クラフトバンク総研調査
社員数5~100名の工事会社を対象とした調査　経営者463　事務員514　職人511　計1,488

同じアンケートを世代別に見てみると、「就職氷河期世代」と言われる40代の給料が特に上がっています。これまで零細企業に勤務し、低く抑えられてきたこの世代の人たちがどんどん中小企業や大手企業に転職することによって、給料が上がっていると考えられます。建設業界の平均年収がこの10年で上がったのは建設投資の伸びに加え、「零細企業で働く人」が地方を中心に減り、より大きな都市部の会社で働く人が増えたためです。転職が多いのは20～40代なので、50代以上のあまり転職が多くない層はこの年収の伸びの恩恵を受けにくくなっています。

また、施工管理はゼネコンなどの規模の

大きな会社に勤務し、職人は中小企業に勤務することが多いため、施工管理と職人の間に年収格差が生じます。「建設職人の有料人材紹介が法令で禁じられている」ことも影響します。施工管理は転職の機会が多いため年収を上げやすく、職人は転職の機会が法的に制限され、年収を上げにくいのです（それでも職人が転職し、人手不足倒産が起きているわけですが）。

お金が人への投資に回らない

私は「職人の年収は計算上、直ちに一人数十万円上げることは可能」と全国で講演しています。「下請け中小企業は大手企業に搾取され、原資がない」という声もありますが、建設業界は全産業で最も接待交際費を使う産業です。その額はなんと年間６３４８億円（※２）。東証プライム上場の大手企業数社の売上に匹敵します。建設業界は大手企業のシェアが低いので、その接待交際費の多くは中小企業で消費されているはずです。

営業上必要な飲み会もあるでしょうが、決算書を見ると明らかに社長の「キャバクラ代」など個人的経費を接待交際費に「突っ込んで」ある場合もあります。その「飲み代」の一部でも人材育成やＩＴ、重機や最新のテクノロジーなどの前向きな投資に回していれば、建設業界はもっと良くなっていたでしょう。

また、建設会社の財務状態はこの10年で大幅に改善しました。財務省の法人企業統計を見ると、建設業界全体の自由に使えるお金（会計用語では「ネットキャッシュ」現預金から借入金・社債を除いた総額、２０１２年と２０２２年で比較）は11兆円増加。そのお金の大半は「下請け」と呼ばれる一次請けクラスの中小企業に貯まり、二次請け以降の零細企業や一人親方には行き渡っていません。建設業界には莫大なお金がありますが「目詰まりを起こしてお金が流れていない」のです。人体で例えると「血の巡りが悪い」のです。

建設業界に限りませんが、経営者の給料、つまり役員報酬はこの10年で大手から中小企業まで大きく上昇しています。あるゼネコンの社長が「下請け支援のために発注単価を上げたら、下請けの社長がベンツに乗るばかりで、現場の職人にお金が渡っていない」と発言していました。もちろん役員報酬を抑えて社員の給料や投資に回している真面目な社長もいますが、全体としてはまだ少ないのです。政府は企業の投資を促進するための補助金や優遇税制を用意していますので、中小企業でも投資を検討しやすくなっていますが、そういった制度もよく調べていない経営者がいます。

貯まったお金を投資に回さず、人材が他社に流出し、人手不足倒産が起きている。莫大なお金を抱えながら、新しいパソコンの買い替えさえ許さない「行き過ぎたケチケチ経営」で業績が悪化する。特に高齢経営者がお金を貯め込む傾向にあります。日本経済の悪いところを煮詰めたような現象が現場では起きています。このお金がうまく流れていけば、建設業界は「覚醒」すると私は考えています。

※1　クラフトバンク株式会社　建設業の２０２４年問題に関する動向調査：２０２４年版
※2　２０２１年度国税庁調査

ALL ABOUT THE CONSTRUCTION BUSINESS

4

安い大阪、大したことない愛知 地域間格差

「建設業界の給料が上がらないのは大阪のせい」
「愛知も意外とケチで大したことない」

こう聞くと大阪と愛知の方は怒るかもしれません。私も大阪、愛知に友人が多いので心苦しいですが、残念ながら、データは我々に容赦ない現実を突きつけてきます。

厚労省統計(※)で建設業就業者の賞与・残業代込みの年収を都道府県別に比較してみると、大阪府と愛知県の年収水準が経済規模や就業者数と比較してあまり高くないことがわかります。

大阪の仕事は請けたくない

建設会社の利益率や就業者の給料に影響する一つの指標が「公共工事設計労務単価」(以

図6　地域別年収

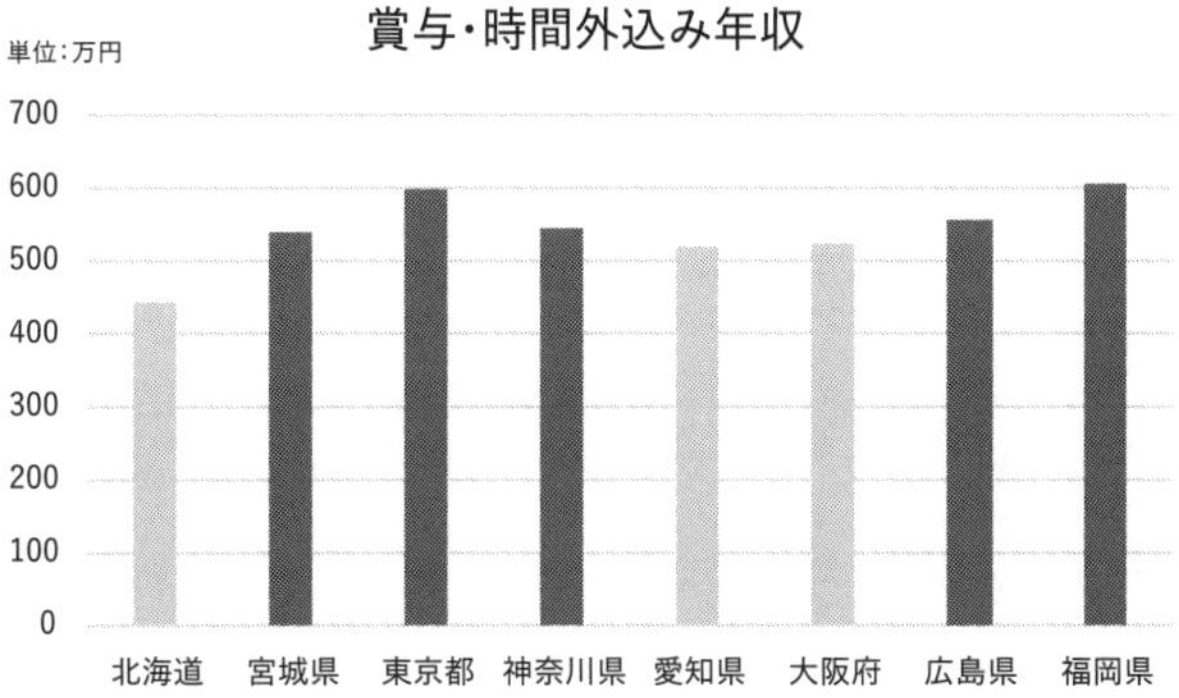

厚労省　2022年　賃金構造基本統計調査

下、労務単価）です。これは公共工事の労務費の見積基準となる指標で、1日8時間労働した場合の日当がベースになっています。国交省が毎年民間企業に調査し、実勢を反映する形を取っています。労務単価が高い地域ほど、会社は利益を確保しやすく、社員の給料は上げやすくなる、目安となる指標と言えます。

建設業就業者の中でも数の多い電工（電気工事技能者）の労務単価と各都道府県の最低賃金の8時間分を比較します。この「最低賃金と労務単価の比較」指標を見ると宮城、東京などの東日本が高く、愛知、大阪、京都など西日本が低い「東高西低」であることがわかります。大阪の工事会

図7　最低賃金と電工の労務単価の関係

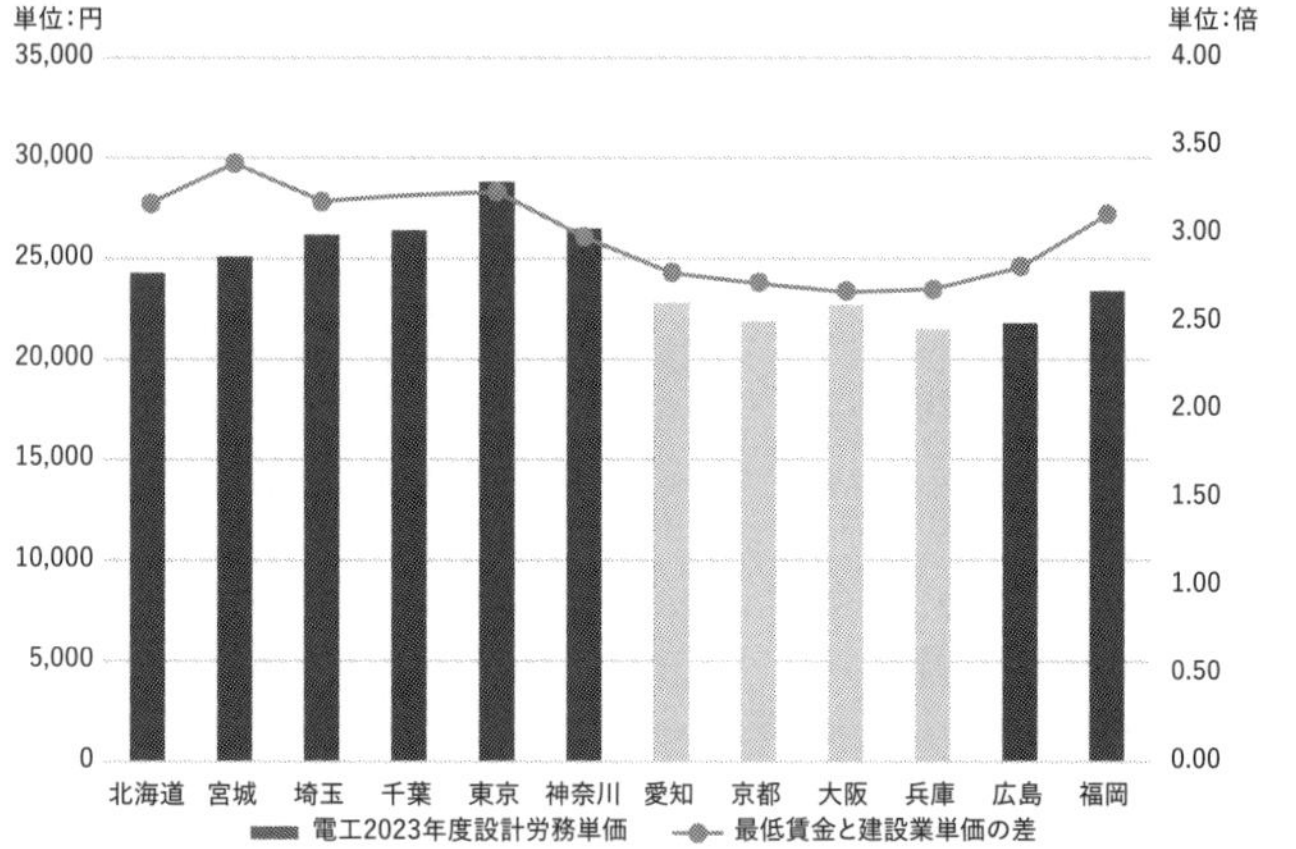

国交省　2023年　公共工事設計労務単価、厚労省　最低賃金

社が「大阪の仕事は嫌なので、他の地域の仕事を請けたい」と言うことがありますが、この大阪の単価の安さが背景にあります。

時系列で15年前から各地域の電工の労務単価（以下、全て電工をサンプルとした金額）を比較しても、宮城、東京、福岡の伸びが大きく、大阪や愛知の労務単価が停滞していることがわかります。東京大阪間の労務単価の差は15年で約6倍の５８００円に拡大しました。これは1日あたりの差ですので、通年（２４０日稼働を想定）の金額にすると年間約１３９万円の差になります。

労務単価の全国平均は上昇を続けていますが、地域間格差は拡大しています。同じ

図8　電工労務単価の地域別推移

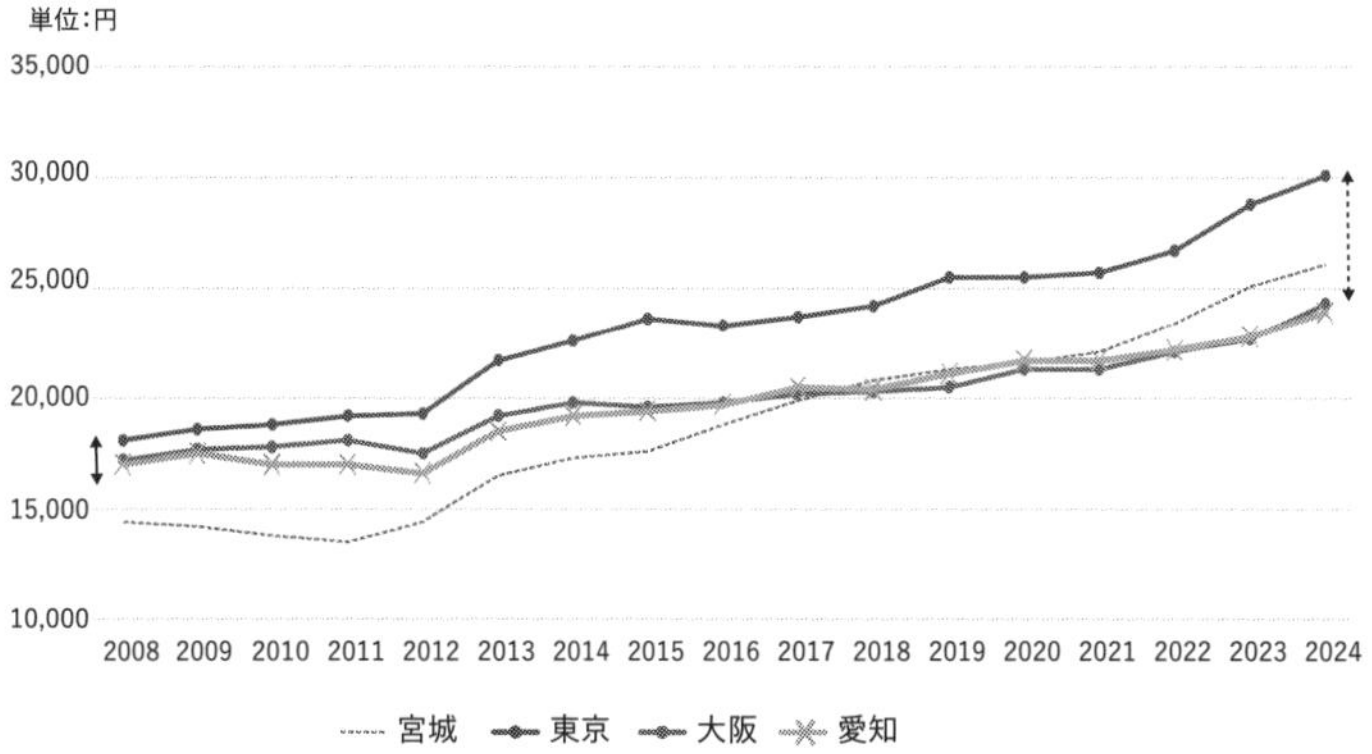

国交省　公共工事設計労務単価

関東エリアでも東京茨城間の労務単価の格差は拡大。そのため「茨城で何年も修行するよりも、東京の仕事をした方が儲かる」のです。

「密集」すると安くなる？

なぜ大阪や愛知の労務単価が低いのか？私も複数の専門家に聞きましたが「関西には独特の値切り文化、愛知は自動車産業のコスト削減圧力が強いためではないか」など仮説のレベルで、論文などは見つけられませんでした（本書をお読みの専門家の見解をお待ちしております）。

私はこの疑問をビッグデータで検証してみました。建設業は行政許可業種なので、行政の保有するデータを位置情報解析すると、市区町村単位の傾向が見えます。

理由は不明ですが、建設会社はなぜか特定の地域に「密集」します。東京だと江戸川区、足立区、神奈川だと川崎などです。余談ですが、その「密集」地域には多くの場合、競馬・競艇場などの公営ギャンブル場とパチンコ屋があります。

大阪の場合、堺市から岸和田市にかけての府南部エリアが「密集地域」で、単価が特に低い傾向にあります。このエリアは個人事業主が多く、人口に占める建設業関係者も多いです。ライバルが周りに多いため「小さい会社同士で足を引っ張りあい、値段のたたき合い」をしてしまうと考えられます。箕面市、池田市などの府北部では建設会社は少なくなります。

愛知の場合は豊橋市、一宮市などが「密集地域」で、自動車工場などの改修工事の需要が多い豊田市、刈谷市には建設会社が少ないのです。

同じ県内でも「需要と供給」がミスマッチであることがわかります。小さな会社が足を引っ張りあう「密集地域」の「値下げ圧力」が強いと、その地域の単価が上がりにくい構造になるのでは？　と私は考えています。

私はこのデータを企業の業績改善に活用しています。きちんと地域別の利益率を計算し、

「密集地域」を避けるだけで工事会社の利益率は改善します。私が工事会社に「『地域密着』は呪いの言葉にもなり得る」と言って幅広い地域の案件を受けるように言うのは、このデータがあるためです。

仕事を請ける工事会社だけでなく、発注者である行政や不動産会社もこの「東高西低問題」に向き合わないと、これらの地域で今後工事ができなくなります。

建設業法や資格制度は全国一律です。「東京と大阪の職人の技術に差はない」わけですから、大阪の労務費が安いことは理屈に合いません。

※2022年　賃金構造基本統計（この統計は社員数9名以下の事業所や個人事業主が統計対象に含まれておらず、実態より年収が高めに出る点に留意が必要）

ALL ABOUT THE CONSTRUCTION BUSINESS

5

２０２４年問題で建設業界はどこまで変わるのか？

２０２４年問題、時間外労働の上限規制の厳格化は建設業界をどう変えるのでしょうか？　２０２４年４月より「定められた上限以上に社員を残業・休日出勤させると罰則の対象」になりました。

クラフトバンクでは２０２４年８月、社員数５〜１００名の工事に従事する中小工事会社約１５００社に対し、２０２４年問題の対策について調査を行いました（※）。建設業界の統計の多くは大手ゼネコンの業界団体が集計することが多いため、市場の大多数を占める中小企業が調査対象に含まれないことがあります。そのため、クラフトバンクでは中小企業向けの独自調査を行っています。

未だに74％は対応していない

まず、全体の74％の企業が２０２４年問題に未対応でした。クラフトバンクでは昨年２０２３年も同様の調査を行っていますが、そこと比較しても9ポイントしか改善していません。しかも、全体の24％が未だに「２０２４年問題を知らない」と回答しています。

勤怠管理について聞くと全体の38％が勤怠管理そのものに問題があると回答しています。「残業や休日出勤の上限が規制される」のが２０２４年問題のポイントですが、「そもそも正確な残業時間がわかっていない」会社が４割弱いるのです。また「離職が多い」と答える会社ほど、勤怠管理に課題があると答える傾向にあります。

なお、日程・工程管理方法について聞くと56％が「紙かホワイトボード」と回答。未だに「紙の管理」が主流のため、経営者の50％以上が毎日2時間以上の事務作業に追われています。中小工事会社の社長は事実上「第二の事務員」であり、営業、人材育成などの本来の経営者の仕事ができていないのです。「人手不足で人件費が上がっているのに、紙と電話の仕事に忙殺され、事務コストが発生している」とも言えます。

本書で紹介した会社はいずれも若手の採用が進んでいる会社ですが、各社勤怠、工程管

図9　2024年問題に関するアンケート

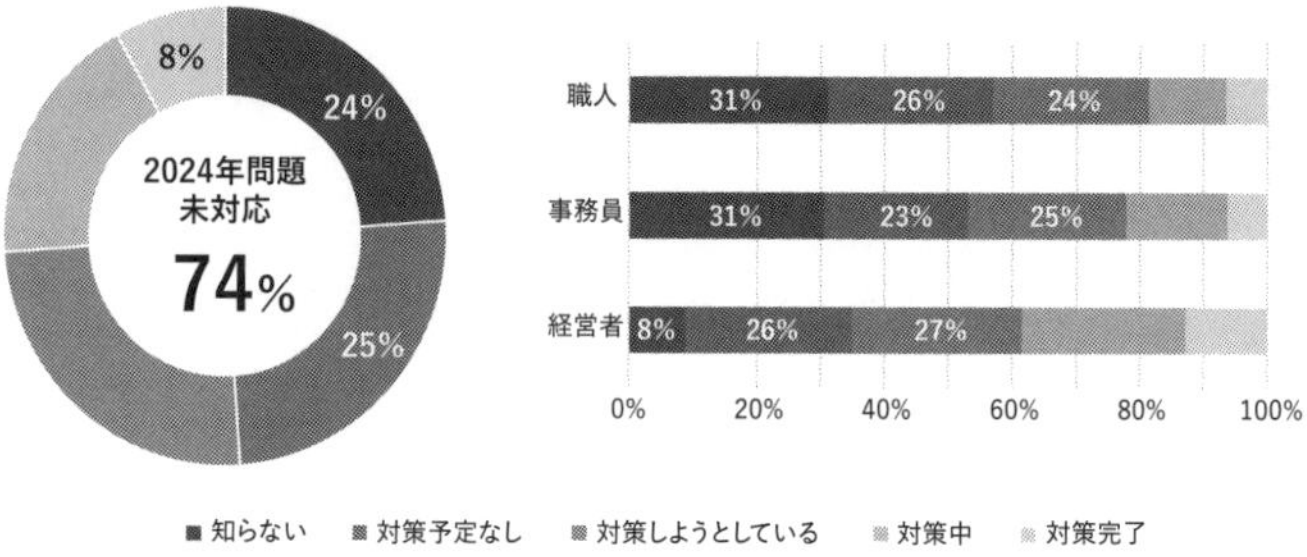

2024年8月クラフトバンク総研調査
社員数5~100名の工事会社を対象とした調査　経営者463　事務員514　職人511　計1,488

理などの事務作業はデジタル化され、勘ではなく数値に基づく意思決定がされています。２０２４年問題対策済の26％の会社に人材が集まり始めていると言えます。

同じ調査で「人手不足で仕事を断ることはあるか?」の質問には69％が「ある」と回答、人手不足の課題は何か?と聞くと「育成が追い付かない」が最多で、次いで「離職が多い」、「新卒・中途の人材採用ができない」と続きます。人手不足の本当の原因は採用よりも「離職と育成」にあるのです。なお、人手不足で仕事を断っている会社の3割以上が、人手不足対策で何をしているか?と聞くと「何も対策していない」と回答します。

２０２４年問題は業界再編の引き金になる

２０２４年問題は労務管理の問題だけではありません。２０２４年問題が取りざたされた２０２３年から建設業界のＭ＆Ａ（企業間の合併と買収）が増加しています。

なぜＭ＆Ａが進むのでしょうか？　建設業の残業は特定の人に集中する傾向にあります。そのため、これまで以上に人員を確保し、その人の業務を「巻き取る」必要性が生じます。しかし、建設業、特に職人は有料人材紹介が使えないため、「採用できないなら会社ごと買う」のです。これまで建設業界は「小さな会社が乱立する」市場でしたが、「人」をきっかけにして「大きな会社への集約」が進んでいるのです。

これまで見てきたように建設業界は特殊な法規制があります。これを理解せずにＭ＆Ａを進めるＭ＆Ａ仲介業者もいますので、Ｍ＆Ａを進める際は建設業法に詳しい行政書士、社会保険労務士の先生に相談することをおすすめします。

※クラフトバンク株式会社　建設業の２０２４年問題に関する動向調査：２０２４年版

ALL ABOUT THE CONSTRUCTION BUSINESS COLUMN

「建設業界はやめておけ」というSNSの声と向き合う

SNS上では本書で紹介している方々のように建設業の魅力を発信するインフルエンサーと、「元施工管理だが長時間残業で心を病んだ。建設業界はやめておけ」という声が混在しています。私もYouTuberとコラボして情報発信する立場なので、私なりのSNSとの向き合い方をまとめます。

①SNSは「ネガティブ」から拡散する

「倒産増」などのネガティブなタイトルの動画の方が再生数は伸びます。意外と「人材採用」「成功事例」の動画は再生数が伸びません。そのため実態以上に悲観的なイメージが拡散します。特に社会人経験のない学生は、強くその影響を受けます。

また、私のようにデータや法令、取材に基づいて「理屈と事実で」説明する動画よりも、「自分はこれだけ苦しんだ」などの個人的エピソードの動画の方が共感を集めやすく、拡散します。人間は「繰り返し見聞きした情報を（本当かどうか別にして）真実と思い込んでしまう」傾向があると心理学の研究でわかっています。ＳＮＳで繰り返される言葉が認知をゆがめてしまうのです。

②業界構造を正確に理解する

「残業が多いから建設業界はやめておけ」と発信されている方の内容をよく見ると、残業時間の長い施工管理の問題を指摘しています。「職人さんは（施工管理の自分を）心配してくれたので、悪いイメージはない」という発言もあります。施工管理と職人の役割、働き方、また職種（電気、解体など）や現場（住宅、非住宅など）の違いが一般視聴者にはわかりにくいため、混乱を招いています。

③業界よりも会社と経営者を見る

統計を見ると建設会社の業績は今、二極化しています。地方でも対前年比１・５倍で売上が伸びるなど、大きく成長する会社もあります。そういう会社は大抵、経営者が優秀で情熱と信念を持っています。他方で「法律を守らないことが競争力」などと発言するコンプライアンス意識皆無の経営者もいます。また、大手ゼネコン各社では経営層の意識はかなり変わったものの、現場所長の対応には個人差があると言われています。そのため、かかわった会社、現場の「ガチャ」によって業界に対する印象が大きく変わるのです。「はずれ」を引かないための知識を身に付けましょう。

もちろん、長時間残業やセクハラ、パワハラで苦しんでいる方がいるのは事実なので、建設業界はその被害者がネット上で声を上げていることに向き合わなくてはなりません。「1人の経験」が拡散され、「アンチ」を生む怖さを認識しましょう。

第8章

徳川家康から学ぶ建設業界の歴史の世界

Chapter 8:

The history of construction business

ALL ABOUT THE CONSTRUCTION BUSINESS

1

沼地を大都市「江戸」に「魔改造」した徳川家康

第8章では「徳川家康」を入り口に、建設業の歴史について解説します。本章は国内外の橋の設計・維持管理、災害調査・復旧計画を専門とする横浜国立大学総合高等学術研究院 客員教授の松永昭吾先生監修のもと、まとめています。

私はNHK番組『ブラタモリ』が好きです。中でも「江戸城と東京」の回で私は感動して号泣してしまい、妻に泣く番組じゃねーだろとツッコまれました（笑）

皆さんにとって戦国武将・徳川家康はどんなイメージでしょうか。大河ドラマの影響で「合戦」のイメージが強いと思いますが、家康は優れた「都市開発者」でもありました。家康は「荒れた沼地」だった江戸を人口百万人規模の世界的都市に発展させ、現在の「東京」

の基盤を築いたのです。家康に限らず、豊臣秀吉、武田信玄などの戦国武将たちも、現代でも使える堤防を築くなど、都市開発で優れた手腕を発揮しています。ちなみに、「仙台」「岐阜」などの地名も伊達政宗や織田信長など戦国武将が命名していることが多いです。

１５９０年、豊臣秀吉の命令で江戸に入った家康。当時の江戸は沼地が多く、人の住める土地は現在の千代田区、中央区付近の一部しかありません。家臣の住む場所も足りなかったと言われています。海岸線は現在の皇居あたりまで入り込み、日比谷は浅瀬でした。江戸の「江」は入り江、「戸」は入り口。つまり「海の入り口」という意味です。家康はまず日比谷の埋め立てから江戸の「魔改造」を始めます。

現在の利根川は千葉県銚子市を通って太平洋に注ぎますが、江戸時代は東京湾に注いでいました。また、荒川は現在の埼玉県越谷付近で利根川に合流していました。この2つの川がたびたび洪水で氾濫していたため、家康はなんと利根川の流れを大きく変えて現在の千葉県付近に移動させ、さらに荒川を利根川から分離する大工事を行います。家康は河川の流れを変えるだけでなく、堤防や農業用水路の整備も60年以上かけて進めました。プロジェクトの途中で家康は亡くなり、二代将軍秀忠に引き継がれていきます。

また、江戸は海岸が近く、井戸水は塩水であるため飲料水が不足していました。1629年ごろには井の頭池などを水源とする上水道「神田上水」が整備され、その後、四代将軍家綱の命により羽村の水源から四谷までをつなぐ「玉川上水」のプロジェクトが進められます。360年が経った今でも、玉川上水の一部区間は東京都水道局の現役の水道施設として活用されています。戦国武将たちは「300年先」を計算して町づくりをしており、今を生きる私たちは先人の叡智の上に生活しているのです(この武将たちの先見性を紹介したブラタモリの回に私は感動したのですが、妻には伝わりません笑)。

家康と水とトイレ

家康はなぜここまで「川」「水」にこだわったのでしょうか。家康は幼少期、人質として複数の武将のもとを転々としました。その際に本をよく読み、平城京、平安京や鎌倉幕府などの過去の都市の歴史について知識をインプットしていました。奈良時代の首都・平城京は最盛期10万人が暮らしていましたが、水源が川1つしかなく、糞尿による水質汚染が進み、疫病が流行り、すぐに遷都(首都移転)をすることになります。水道インフラがなかったため、都市が短命で終わったと言えます。平安京(現在の京都市)に首都が移った後も、為政者たちは「水問題」に苦しめられます。平安京も人口増加に伴い、水質汚染が進みましたが、都を流れる賀茂川が定期的に氾濫し、糞尿が浄化されるという「結果オーライなシステム」で都市が維持されました。大河ドラマ『光る君へ』で優雅に表現される京の都も実際は「うんこまみれ」だったのです。治水（ちすい）工事が各地で進むのは武家が台頭する鎌倉時代からで、家康は鎌倉幕府の都市開発などを参考に、江戸の開発を進めていきます。私が本書の最初に「トイレ」を取り上げたのは、監修の松永先生からこの平安京の話を聞いて重要性を再認識したためです。

水の問題をクリアし、発展する江戸ですが、当時は木造建築しかなく、火災に弱い都市でした。そこで、火災からの復旧工事を担う大工、左官、とび（鳶）職は「華の三職」と呼ばれ、町人と比較すると地位も賃金も高かった、と言われています。

ALL ABOUT THE CONSTRUCTION BUSINESS

2 ― 辰野金吾　東京駅と日銀本店を設計した日本近代建築の父

「ニュースでよく見る東京駅と日本銀行本店を設計した明治時代の建築家」が辰野金吾です。辰野の人生を知ることで、江戸時代後半から明治時代の日本の建設業界の歴史がわかります。

「外れガチャ」から「日本近代建築の父」へ

辰野は1854年、明治維新の15年前、肥前国唐津藩（現在の佐賀県）の「足軽より低い家格」の下級役人の次男として生まれます。当時は長男が家督を相続し、生まれで身分が決まっていた、現代とは比べ物にならない「親ガチャ」の時代。しかも唐津藩は徳川幕府方だったため、明治維新後、藩士たちは新政府の支援を得にくい状況です。しかし、辰野は血のにじむような努力で道を切り開き、「日本近代建築の父」へと成長していきます。

明治維新後、辰野が目指したのは東京でした。学んだのは工部大学校、後の東京帝国大学工学部。明治政府は日本に近代工業を興すべく、「お雇い外国人」(海外から招聘された講師)を集め、人材育成を始めていました。建築分野でも火災に弱い木造建築からレンガ造りの西洋風建築を設計できる建築家の育成が求められました。辰野は猛勉強の末、最下位の成績ではあったものの、合格します。当時は「建築」「建設」という言葉さえなく、「造家《ぞうか》学科」と呼ばれていました。

イギリス人建築家コンドルのもと辰野は努力を重ね、首席で工部大学校を卒業。ヨーロッパ留学の特典を手にします。辰野は3年かけてイギリス、フランス、イタリアで学びます。留学先のイギリスの高名な建築家に「日本は古い文化を有する国だ。固有の建築もあるだろう。どんな性格のものか?」と質問され、辰野は答えることができません。辰野は反省し、帰国後、30歳で工部大学校教授に就任、日本建築学の講義を開きます。

辰野はその後、16年間にわたって教授として多くの弟子を育てた後、大学教授を辞め、民間でも活躍する建築家になるべく、設計事務所を開設し、東京駅、日銀本店など100余りの建築設計を手がけます。

現存する辰野の手掛けた建築物の中でも、特に私が「推し」ているのが岩手県盛岡市の岩手銀行赤レンガ館(重要文化財)です。

建設を学ぶ学校の歴史

工部大学校は1886年に東京帝国大学に合併され、やや実務から研究寄りにシフトします。そこで、より実務寄りの工業教育をするため、東京職工学校（現在の東京工業大学）が設立されます。また、帝国大学出身の技師を補助する「工手」を育成するべく設立されたのが工手学校（現在の工学院大学）です。工手学校の設立に参加したのは辰野たちでした。当時は現場の職人たちが大学の先生に食らいついて学んだ記録があります。

その後、1900年ごろから「東京府立職工学校」など、各地域に職工学校が開設され始めます。これが現在の工業高校のスタートになります。設計だけでは建物は建ちませんので、現場で手を動かす職人を育成する必要があったのですね。

大河ドラマの主人公になった「近代日本経済の父」こと渋沢栄一も、若いころは徳川慶喜に仕えた「旧徳川幕府方」でした。当時の工部大学校や工手学校の関係者も辰野のように「旧徳川幕府方」が多かったとされています。当時、政治の中心にいたのは薩摩・長州出身者でしたから、「旧幕府方のサムライ」たちが経済、工業分野で苦労しながら明治時代、地位を確立していったことが分かります。

工部大学校の初期のカリキュラムはイギリスのグラスゴーの工科大学の教授陣が作っています。グラスゴーはイギリス産業革命の聖地。産業革命の代名詞、蒸気機関は「鍛冶屋」などの現場の職人たちが発明しました。現代で言うところのイノベーションは職人が起こしていたのですね。そのため、職人を養成する学校が全国にできていきます。

ALL ABOUT THE CONSTRUCTION BUSINESS

3

日本の戦後復興と建設業界
～焼け野原からの再起

昭和初期、日本は第二次世界大戦へ突き進んでいきます。空襲によって焼野原になった町をどう先人たちは復興させ、それがどう現在につながっているのか。私の父方の祖父・鐵蔵《てつぞう》の残した記録から戦後の建設業界を見ていきます。

戦時中の不運なサラリーマン

祖父が旧制帝国大学を卒業し、化学商社に入社した１９３６年、陸軍将校らの軍事クーデター、二・二六事件が起きています。不穏な時期に社会人生活を始めた祖父ですが、終戦間際の１９４４年、ついに徴兵の召集令状、通称「赤紙」が届き、祖父は海軍に入隊します。１９４５年、終戦を迎え、何とか東京に戻った祖父が目にしたのは、焼野原と焼失した家財でした。「社会人8年目。結婚し、長男も生まれ、家も買っていたサラリーマンがある日、戦争で資産もキャリアも強制的にゼロにリセットされてしまう」。祖父のような「不運なサラリーマン」が日本中にいたはずです。

その後、祖父は故郷福岡で親族が経営していた塗料販売店S社の経営に関わるようになります。しかしS社も1949年にあえなく倒産。祖父もその処理に追われます。翌1950年にS社の取引先を引き継ぐ形で創業し、祖父は30代で社長になります。このように当時は混乱の中、多くの会社で20～30代の経営者が誕生しました。「帝大卒の商社マン」だった祖父は終戦直後「法律違反すれすれの闇行為」をせざるを得ず、生き残るため徐々に「怖い顔のペンキ屋のオヤジ」に変貌していきます。

当時は戦後の復興需要に対して圧倒的に資材不足。塗料メーカーからの仕入れルートを確保すれば、その卸売だけでも九州のシェアは一定確保できる、と考えた祖父は商社時代の知識も活かし、塗料などの建築資材の確保に奔走します。

ちなみに、「建設」という言葉が公式に用いられるようになるのも戦後です。1946年、大倉土木組が「大成建設」に社名を変更。これが日本で初めて公式に「建設」が使われた事例です。

祖父の記録からわかること

「100人の仕事を200人が関われるように工夫した」
「できの悪い親族がいたら俺の会社で引き取る」

祖父の記録にあった言葉です。現在の効率化の考え方とは真逆です。当時は戦争からの帰還兵や満州から帰国した人たちが職に困っていた時代。彼らに仕事を分配すべく、経営者たちはあえて業務を細分化し、分業を進めていきました。またバックグラウンドを問わず人を受け入れる建設業界の「福祉的側面」も見て取れます。

また、当時の日本は東京だけでなく、福岡など地方都市、計64都市が戦時中に空襲を受けています。全国的な復興需要に対応するため、職人たちの修業期間を短縮する必要がありました。そのため、「電気」「屋根」「とび」と職種を細分化し、覚える内容を単純化。業界用語では技能が一つに限られる技能者を「単能工」、複数の技能を持つ技能者を「多能工」と言いますが、当時の建設会社は「単能工を急いで育てる」しか選択肢がありませんでした。この名残が現在の建設業の「分業制」とされています。

同時に、終戦から1950年にかけ、職人の労働者派遣の禁止、一括下請負（いわゆる丸投げ）禁止などの建設業界の法整備も進んでいきます。

ALL ABOUT THE CONSTRUCTION BUSINESS

4

高度経済成長期の建設業界
～黒部の太陽から田中角栄へ

「時代を代表するスター俳優２人が共演した、ダム工事の映画が大ヒットする」と聞くと皆さんはどう思うでしょうか？　建設業界を舞台にした映画が珍しい現代だと、少し考えにくいかもしれません。

『黒部の太陽』は１９６４年発表の小説およびそれを原作とする映画です。「世紀の難工事」と言われた富山県黒部ダム。その建設現場の苦闘を描く作品で、映画の主演は石原裕次郎と三船敏郎。当時の二大スター俳優でした。

黒部ダムは１９５６年着工、７年の歳月をかけ完成しました。現在でも高さは日本一。50階建てのビルと同じ高さです。峡谷の奥地での工事は過酷を極め、完成までに雪崩などの被害で１７１名が亡くなりました。土砂と濁流の中の工事は「戦争状態」だったと当時を振り返る人もいます。黒部ダム建設を主導したのは関西電力。戦後の高度経済成長期、関西地方は深刻な電力不足で慢性的な停電が社会問題になっていました。そこで関西電力は「この電力問題を解決しなければ関西は東京に追いつけない」との考えのもと、会社の資本金の5倍という総工費で「秘境」黒部峡谷に水力発電用ダムを建設することを決断します。我々が日々、電気を使えるのは先人の犠牲と決断があったからなのです。

映画『黒部の太陽』で三船敏郎は関西電力の次長、石原裕次郎はゼネコン熊谷組の社員を演じます。この映画を見て建設業界に憧れる若者も当時は多くいました。

黒部ダムに代表されるように日本の道路、橋、新幹線、地下鉄、空港、ダム、発電所などのインフラは1960年から1970年にかけて一気に整備されます。特に1964年の東京オリンピックのインパクトは大きく、国内外の選手、観客の受け入れのため、首都高速道路、東海道新幹線、東京圏の上下水道の整備が進みます。特に東海道新幹線は着工からわずか5年半で東京新大阪間の工事が完了してしまうなど、重機が現在ほど充実していない時代に驚異的なスピードで進んでいきます。当時は池田勇人内閣が本格化させた経済計画「所得倍増計画」のもと、高度経済成長が進んでいきます。所得倍増計画は人口を地方から東名阪地域に集中させ、自動車産業などの製造業に従事させることで経済を効率的に発展させる考え方を持っていました。それに伴い、都市周辺でニュータウン建設が進みます。

田中角栄・列島改造論

その後、1972年に内閣総理大臣に就任したのが田中角栄です。東大→官僚出身の政治家が多い中、「中卒」「新潟の土建屋の社長」からの現場叩き上げで総理大臣になった異色の政治家です（角栄は一級建築士でもあります）。角栄が掲げたのが「日本列島改造論」。「所得倍増計画」により東名阪地域に人材と産業が集中することを問題視し、高速道路や新幹線を全国に広げ、過疎化に対処すべき、というものです。角栄の地元新潟が経済発展に取り残されており、都市と地方の格差解消を目指す思いもあったようです。角栄の影響か新潟は全国的に見ても建設会社の多い地域です。

また、角栄は

・東京一極集中が進むことにより、首都直下型地震のリスクが高まる

・情報化社会を見越して通信インフラを全国で整備すべき

など、現代にも通ずる論点を指摘しています。先見性のあるリーダーだったのでしょう。

しかし、1976年、アメリカの航空機メーカー・ロッキード社による航空機売り込みの国際的リベート疑惑が浮上。角栄は秘書らとともに逮捕されます（通称ロッキード事件）。総理大臣経験者の大物政治家が逮捕される大事件。角栄は「土建屋に利益誘導した政治家」とマスコミに報道されてしまい、この時期からマスコミの「建設業界たたき」が始まります。

ALL ABOUT THE CONSTRUCTION BUSINESS

5　こうして多重請負が生まれた
～バブルが残したもの

「建設は多重請負・中抜き業界だ」と言われます。祖父の記録を見ると、戦後の建設業界は「元請け」と「一次請け」の２つしかなく、建設業界の発注構造はシンプルでした。実は「三次請け」「四次請け」といった「多重請負化」が進み始めるのは高度経済成長期以降で、バブル崩壊後の１９９３年以降、「多重構造」は更に複雑になります。

バブル崩壊後の奇妙な現象

１９８６年以降のバブル景気に建設投資も急増します。東京ドーム、東京都庁などの大型建築物はこの時期に建設されています。１９９２年のバブル崩壊の時期が建設投資のピークで、以降、建設投資は２０１１年まで減少を続けます。高度経済成長からバブル景気まで増え続けた建設需要に合わせ、建設会社、建設業就業者も増えていましたが、バブル崩壊で一転して「需要と供給」が崩れ、「建設需要に対して建設会社と就業者が余る」状況になります。

ここで奇妙な現象が起きます。1992年から建設投資が減っているのに、2000年まで「建設会社の数」は増え続けるのです。なぜか？ 「労働基準法逃れ」のためです。たくさん小さな会社を設立すれば、「取締役」が増えます。「取締役」は労働者ではないので労働基準法が適用されません。取締役にすればいくらでも長時間残業させられる、という考えのもと建設業は「取締役」だらけの産業になりました（現在でも建設業は他産業より取締役が多いです）。さらにこの時期に「社会保険逃れ」も横行します。「個人事業主で常時雇用する従業員数が4名以下」の場合、事業主側で社会保険加入は義務ではない（任意）ため「4名以下の個人事業主」や「一人親方」を増やし、社会保険未加入者を増やすのです。様々な規制逃れをすることで激化する低価格競争を乗り切ろうとしたのが当時の建設業界でした。

建設職人は人材派遣が法令で制限されているため、一人親方から「中抜き」することで事実上の非正規雇用化したとも言えます。結果、業界構造はどんどん複雑になります。この状況を私の父は「法律を守らないことが価格競争力になる」と言っていました。

「外注に出せば安くなる」発想が進んだのもこの時期でした。受注が不安定になり、各社の直営班（職人を直接雇用する組織）が解散に追い込まれ、外注化されました。結果、職人を直接雇用しない、施工管理のみの元請け、「管理会社」が多く生まれます。松永先生はこれを「元請けが職人を直接雇用して工事をしなくなり、商社化した」と表現しています。

この小さな会社の乱立は現場の職人の待遇を不安定にさせ、人手不足を招く要因として長年問題視されてきました。そこで２０２１年、業界最大手の鹿島建設は多重請負構造の克服のため、２０２３年度までに原則二次請けまでとする方針を打ち出します。「労基法逃れ」のために乱立した小さな会社、一人親方はその後、２０１０年から２０２３年にかけて徐々に減っています。人手不足が進むと、小さな会社は人材採用できず、縮小していくためです。近年は公共工事中心に直営化が再度進み「下請けに出す」ことは減り、社会保険加入率も大幅に改善しています。しかし残念ながら現代の建設業界でも「労基法・社会保険逃れ」を進めようとする経営者はいます。税金と違って社会保険料は会社が赤字でも発生し、資金繰りを圧迫するためです。

なお、アメリカ、ドイツ、フランスでは、自社で直営班などを一定数抱える会社しか公共工事の入札に参加できません。そもそも「下請けに出す」発想が薄いのです。海外と比較すると日本の建設業界は特殊と言えます。他にも発注サイド（不動産デベロッパーなどの施主）に有利な商習慣が日本には多くあります。

3K＝バブル語

きつい・きたない・危険の「3K」という言葉が生まれたのもバブル絶頂の1989年です。バブル後、大学進学率が上昇し、工業高校などの専門系の学校の数が減っていきます。私も含めた建設業界の人たちは子供のころ「勉強しないとああなるわよ」「汚くて臭い」と指さされてきた歴史があります。松永先生によれば「現場で苦労した親世代が子供たちに現場仕事をやらせたくないと考え、大学進学を進めた」時代背景があったそうです。それと後述の「建設業バッシング報道」が影響し、建設業界は2011年まで冬の時代を過ごすことになります。

ALL ABOUT THE CONSTRUCTION BUSINESS

6

「空白の30年」建設業界の報道の歴史

「建設業界には良くないイメージがある」と言われることがあります。なぜその「イメージ」が生まれたのか？　「医者より土建屋の方が批判しやすい」とされてきた報道の歴史から紐解きます。

１９９３年、ゼネコン各社から政界に多額の賄賂が送られていることが判明し、建設大臣や県知事まで逮捕される事態になった「ゼネコン汚職事件」。１９７０年代のロッキード事件に続き、再び新聞各紙に「談合利権」「土建国家」「天下り」といった言葉が繰り返し並びます。この際、公共事業や建設業界に関するネガティブイメージが形成されます。ゼネコン各社もテレビＣＭを自粛し、テレビ局とゼネコンの接点がなくなります。ここから建設業界はマスコミに報道されにくい「空白期間」に入ります。

談合体質から抜けられなかった建設業界にも問題はありますが、やや過剰な「公共事業叩き報道」が続きます。2001年、当時の長野県知事が「脱ダム宣言」のもと公共事業批判を展開し、報道もそれに便乗するなど、建設業界は「攻撃の対象」になっていきます。長野県の建設会社では、この時期賞与が払えず苦しんだそうです。

報道だけの影響ではありませんが、1997年の橋本内閣で公共事業関係費が削減されます。1997年はちょうど建設業就業者のピークで、その後、建設業就業者は15年で大幅に減っていきます。2001年以降の小泉政権下で公共事業関係費はさらに削減されます。2009年、「コンクリートから人へ」をスローガンに掲げる民主党政権になると再び公共事業に対するネガティブ報道が増えます。

民主党政権下の2010年は公共事業関係費が削減されたほか、既に決まっていた公共事業も「事業仕分け」で中止になるなど、建設業界は混乱し、厳しい状況に追い込まれます。「15年前を思い出したくない」と話す工事会社の経営者も多いです。「『コンクリートから人へ』という言葉で社員とその家族が傷ついた」という話も聞きます。

その後、2011年の東日本大震災以降、公共工事の防災における重要性についての報道が増え始めます。
政権交代後の自民・公明連立政権（主に安倍政権）では公共工事関連の予算も増加の一途をたどり、建設業就業者の年収も上がり始めますが、建設業就業者数は横ばい〜微増にとどまっています。

1997年以降の公共投資額を他の先進国と比較すると、日本のGDP（国内総生産）と比較した公共投資の水準は実はアメリカ、イギリスと比較してそれほど多くありません。むしろ災害頻発地域である日本の気候的特性を踏まえると、河川堤防などはまだ他国比で少ないのです（※）。災害復旧を担う理系人材の育成や3Dプリンターの普及などにもっと投資をすべき、とも言えます。

では、建設業界を報道するマスコミ側では何が起きていたのでしょうか？
大手新聞社の記者に対する土木学会のヒアリングでは、

・ロッキード事件のインパクトが大きく、土建業へのネガティブイメージが形成された
・医療にも利権はあるが、医者と土建業だと後者の方が批判の的になりやすい
・医療福祉は患者など「わかりやすい弱者」がいて「感情的に」批判しにくい

・マスコミは数字・統計よりも「感情的なわかりやすさ」が優先される
・ポジティブな内容はあえて記事にする必要はなく、批判の方が書きやすい
・新聞記者の86％が文系なので、災害対策もソフト対策に記者の関心が寄っており、科学的なハード対策には関心が寄りにくい
・東日本大震災後、公共事業に対する肯定的な記事を「空気的」に書きやすくなった。「被災者」という「わかりやすい弱者」が出たので

という記者のコメントが挙げられています。

土木学会のその後の調査では２０１４年の広島土砂災害、２０１６年の熊本地震、２０１７年の九州北部豪雨で、自衛隊、消防、警察の災害後の活動は多く新聞で報じられるものの、建設会社の災害復旧活動はほぼ報じられなかったことが指摘されています。第２章で紹介した会社のように、今も全国の建設会社は災害復旧に命懸けに取り組んでいますが、あまりその活躍は知られていません。以前のような「公共工事批判」は減ったものの、「スルー」されているのです。２０１９年ごろからゼネコンのテレビＣＭが復活し、ようやく建設業界は再びメディアに登場し始めますが、１９９３年からの報道の「空白の30年」を取り戻すまでには至っていません。

私はテレビの報道番組の監修もしていますが、メディアの方も建設業をどう報道していいかわからず、困っていると感じました。２０２４年問題の影響を受けるのは物流、建設、医療ですが、報道される回数は物流の方が多いです。建設は物流よりも市場規模が大きく、就業者も多いですが、番組スポンサーとしての関与が少ないためか、建設はあまり報道されません。当然ながら物流も社会になくてはならない存在ですが、災害復旧のことも踏まえると、もっと建設業界は報道されてよいでしょう。

建設業界は一連の報道の歴史と、「知られていない」現実を踏まえ、積極的に情報発信をしていく必要があります。現場は命を懸けているのに、政治や報道に振り回されるのはおかしい、と私は思います。

※２０２１年国土交通白書

ALL ABOUT THE CONSTRUCTION BUSINESS COLUMN

ドイツのマイスターと日本の職人の違い

本コラムではドイツのマイスターと日本の職人を比較します。ドイツの建設業就業者の年収は日本の1・5倍（※）です。なぜ日本とドイツでここまでの差がついたのでしょうか？ ポイントはマイスター制度にあります。ドイツのマイスター制度は、職人の国家資格「ゲゼレ」を取得した職人が各業種の「師匠」「親方」になるための上位資格制度を指します。マイスター資格は大工、電気設備工などの工業系だけでなく、ハム職人、ビール醸造家などの手工業系もあります。技術だけでなく、経営、教育、開発なども試験科目になっています。ドイツの制度の特徴は「親方」になるために経営、教育などの知識を身に付けなくてはならない点です。

日本の技能検定などの制度は技術と法令がメインで、経営や教育は必須科目ではありません。日本ではなぜか「ものづくり」と「経営と教育」が別の扱いになっています。「経営と教育を学ばなくても建設会社の社長になれてしまう」点が日本とドイツの大きな違いと言えます。日本の職人は「経営と教育」を学ぶ機会が限られ、その結果、「商売下手」になり、技術を安売りしているのではないか？と考えられます。現場ではミリ単位で施工しているのに、経営管理はテキトーな工事会社が多いのです。「良いものを作れば売れるという甘え」があります。

ヨーロッパの美術大学では原価計算の授業があり「技術をお金に変える」ことを学びます。建設業界に限らず、日本のアニメーターなど、ものづくり系の方の年収が低い背景には、この「お金の問題を学べない」点があるのではと私は考えています。日本の場合は社会全体で「お金の話を避ける」傾向にあるのもよくない点です。

ドイツにも課題があり、建設職人の年収が高い分、住宅価格が高騰しがちで、家を買う人にはつらい環境と言われています。また、ドイツは違法移民が社会問題化しており、違法移民が現場に入らないよう、規制を厳しくせざるを得ないなど、日本とは別の問題もあります。

※労働政策研究・研修機構　国際労働比較２０２４　１ユーロ＝１６０円換算

第9章

重機から学ぶ建設業界の未来

Chapter 9:

The future of construction business

ALL ABOUT THE CONSTRUCTION BUSINESS

1

プロゲーマーが遠隔で重機を操作？ 重機、建設機械の今

第9章では「重機」を入り口に建設業界の未来を考えます。

建設機械（建機）のオンライン注文サービス「i-Rental注文」や建設現場の点検業務を効率化する「GENBA x点検」などのサービスを展開し、戸田建設や住友商事などが出資する建機ベンチャー、SORABITO株式会社の取締役会長、青木さんに最新の重機、建機について伺いました。なお重機と建機はほぼ同じ意味です。

建機×eスポーツ

建機も進化しており、遠隔操作も可能になっています。今、建機メーカーは遠隔操作技術を活かし、eスポーツとコラボを始めています。

TDBC（運輸デジタルビジネス協議会）が開催する「大会e建機®チャレンジ」では東

京の会場から遠隔で50㎞離れた場所にある建機を操作。土砂の掘削、積み込みのスピード、正確性を競います。2023年の優勝は工事会社のプロチームでしたが、準優勝はプロゲーマーのチームでした。大学のeスポーツチームも参戦しており、今後「建機×プロゲーマー」は盛り上がっていくでしょう。

「地方を中心に建機のオペレーターが減っていますので、遠隔操作が広がればその問題の解決策になります。東京から遠隔操作で地方の災害復旧を進めることもできるかもしれません。また、夏の酷暑でもエアコンのきいた涼しいオフィスから、遠隔で建機を操作することができます。既存の建機に遠隔施工の機能を『後付け』する技術も開発と実用化が進んでいます」

と青木さんはこの取り組みの背景を解説してくれました。足に障害のある方や、プロゲーマーのセカンドキャリアとしての建機オペレーターなど、多様な働き手の確保にもつながる取り組みだと言えるでしょう。

建機市場の大きさと可能性

建設市場も大きなお金が動きますが、建機市場も大きいです。建設機械出荷金額は国内1・1兆円、輸出2・6兆円と大きな市場です（※1）。コマツ、日立建機、コベルコ建機などの企業が大手です。なお、コマツは世界建機シェア2位、アジアシェア1位です。

国内の建機の約6割がレンタルで市場規模は1・2兆円(※2)あります。実はレンタカー市場よりも建機レンタル市場の方が大きいんですね。株式会社アクティオが建機レンタルの大手ですが、建機だけでなく工事現場の仮設トイレなど、工事に必要なものを幅広く貸し出しています。

「最近は音楽イベントのトイレや映画の撮影機材なども建機レンタル会社が貸し出してるんですよ。SORABITOはこれまで紙で行われていた建機の点検表などのペーパーレス化、効率化の支援をしています」

青木さんによれば建機メーカーだけでなく、建機レンタルも奥深いとのこと。

建機は新車だと1台数千万円と初期費用が非常に高いため、レンタルが発達しています。そのため、中小企業でも最新の建機を使うことが可能です。建機だけでなく最新型の建設ロボットなどもレンタルでの活用が見込まれています。重い建設資材を運んでくれる犬型ロボット(Boston Dynamics社)が既にアメリカで開発されており、日本でも活用が広がっていくでしょう。高齢職人や女性職人が増える中、建設現場ではロボットと協力していくことが求められます。

建機の資格

建機の操作には特殊な資格、免許が必要です。青木さんによれば、
「自動車免許の教習所同様に建機の教習所が全国にあります。免許の種類は建機重量に応じて細かく規定されています。難易度は免許の種類によりますが、ユンボ（バックホウ、油圧ショベルなどの掘削用建設機械）なら最短2日で操縦資格を得られる場合もあります」

とのこと。

また、建機には自動車と同じく車検制度があります。
「労働安全衛生規則において車両系建機の毎年の国家資格者による法定点検が義務付けられています。自動車同様に『建設機械整備技能士』という資格があります。自動車整備士と比べると地味ですが、建機の整備士も人手不足で非常にニーズのある資格なんですよ」

と青木さんは建機の整備についても解説してくれました。

青木さん　Xアカウント　@takayukiaoki01

※１　２０２３年日本建設機械工業会
※２　２０２３年度　経済産業省「特定サービス産業動態調査」

ALL ABOUT THE CONSTRUCTION BUSINESS

2

工事会社発スタートアップ・クラフトバンクが目指す未来

これまではドローン、3Dプリンター、新型建材、遠隔施工などの「ハード」系のテクノロジーを取り上げてきましたが、売上拡大や経営管理など「ソフト」系のサービスも忘れてはいけません。ここではクラフトバンクを例に説明していきます。

クラフトバンクの前身は内装工事会社の新規事業です。クラフトバンクはゼネコンの元施工管理、建材メーカーの元営業など、建設業界出身者が多く在籍し、彼らがITサービスの開発をしています。

事業は大きく3つ。

①工事受発注プラットフォーム「クラフトバンク」とマッチングイベント「職人酒場®」
②工事会社向け経営管理システム「クラフトバンクオフィス（CBO）」
③無料で工事会社の経営に役立つ情報を発信する「クラフトバンク総研」

職人酒場®

帝国データバンクから「令和のドブ板ベンチャー」と紹介されましたが、ＩＴ企業らしからぬ「泥臭い」会社です。

マッチング事業から紹介します。オンライン上で工事の受発注の依頼ができるプラットフォームは登録無料で活用でき、全国約３万社が既に登録しています。「埼玉で美容院の電気工事ができる会社を探している」などを書き込む掲示板のようなサービスです。ただ、業界慣習的に「対面」を重視する傾向があるので、「ゼネコンなどの元請けの購買部門の担当者と一次、二次請けの工事会社の社長が直接会って名刺交換できる場」を提供する対面型マッチングイベント「職人酒場®」の方が好評です。

職人説明会

工事会社の経営者が職人酒場に参加することで一度に取引先を拡大できます。「一晩で1千万円近い受注につながった」ケースもあります。職人酒場は工事会社限定で毎月、全国で開催されています。一次、二次請けの工事会社の業績は「取引先数」によって変わることがデータでわかっていますので、まずは取引先を増やす場を提供しています。大手企業や業界団体ともコラボして開催しています。

次にCBOですが、中小工事会社は事務作業の負担が重く「社長と社長の奥さんが給与計算と予算管理で忙殺され、営業や採用活動ができない」のが実態です。未だに勤怠管理は紙、日程管理はホワイトボードの会社が多いです。その「アナログ」業務をスマホに置き換え、勤怠・経営管理などを可能にするシステムがCBOです。「年配の職人はシステムを使いこなせない」と言われますが、シンプルな操作と「スマホの操作説明から行う対面の職人説明会」などの地道な工夫でその壁を突破しています。

CBOによって原価集計なども効率化されるため、「会計数値が見えにくくて工事会社に融資しにくかった」銀行にとってもメリットがあり、地域金融機関とも連携しています。全国の金融機関の支店を地道に訪問し、勉強会を行うことから始めています。

CBO以外にも建設会社向けのシステムは多く販売されています。かなり相性がありますので、自社のビジネスモデルにあったものを選ぶことが大切です。

最後に私が責任者を務める部門がクラフトバンク総研です。日本のコンサルティング会社の多くは大手企業、特に製造業向けなので、中小工事会社向けのコンサルタントは非常に少ないです。そのため、工事会社の経営者向けに情報発信をする媒体は限られています。そこで、社会保険労務士、行政書士などの専門家監修の内容を無料の動画、記事などで発信するのがクラフトバンク総研です。地方の業界団体などで地道な講演活動もしています。

最近は人手不足、若手採用に関する講演依頼が増えています。独自のビッグデータも集積しており、データを活用し、大手、中小工事会社の経営戦略支援も行っています。全国の建設会社・業界団体の取り組みを発信する自社メディアも運営しています。私自身、「父の会社はなぜ倒産したのか」をずっと考えてきました。その答えが建設業界をデータで科学的に検証することでした。その知見をクラフトバンクのサービスに反映させています。

クラフトバンクの事業はいずれも「日本が世界に誇る工事会社や建設職人がもっと儲かる仕組みを作る」ことを目指して取り組んでいます。

クラフトバンク　公式Xアカウント　@CraftBank_com

ALL ABOUT THE CONSTRUCTION BUSINESS

3

建設業界を変化させる経営者の世代交代

建設業の社長の平均年齢は60歳(※1)。経営者の約半数が60歳以上です。不動産、製造業など他産業と比較すると、建設業の社長の平均年齢は比較的若い方で、新陳代謝が進んでいる業界ではありますが、それでも社長の高齢化が進んでいます。

建設業界に限りませんが、「日本企業の業績が上がらない」背景の一つに「社長の老い」があります。世界の上場企業調査(※2)によると、日本の新任社長の年齢の中央値は世界各国より7歳年上の60歳。かつ他国より男性が多いという結果でした。野村アセットマネジメントは、「経営者が若い上場企業ほど売上や利益が伸びており、投資するなら社長が若い会社」と分析しています。中小企業も同様に、「社長が老いると業績は悪化」します。経営者の年齢が高齢化、特に70歳以上になると売上が減る会社が増えることがわかっています（※3）。

今、建設業はデジタル化を前提とした法改正とテクノロジーの導入が進んでいますので、今後ますます、高齢経営者にとって逆風の経営環境になっていきます。もちろん高齢でも環境変化に対応している経営者もいますが、少数派です。

アメリカの大統領選挙では、81歳のバイデン氏が高齢を理由に大統領選から撤退することを表明しました。バイデン氏の事例は「他の国の政治の話」ではありません。日本の会社経営にも関連する話です。例えば弁護士、税理士の先生には、今「社長の認知症や重病」の相談が増えているそうです。

私の提案は「後継者のいない高齢経営者の会社は、公共工事の入札で不利になるよう法改正し、高齢社長に勇退を促していく」ことです。公共工事は10年後に再度メンテナンスを行う可能性もあります。「社長の認知症リスク」を抱える会社に工事を発注することは自治体も不安があるでしょう。「高齢化社会なのに高齢社長に引退を迫るのか」という反対意見もありますが、「判断力のあるうちに判断する」と、早期に後継者育成に取り組む経営者が多くいるのも事実です。高齢ドライバーに自動車運転免許の自主返納を促し、事故の加害者になるのを防止する取り組みが進んでいますが、それと似ています。既にM&Aに関する税制改正も進んでおり、「後継者がいない＝会社を売却する」ことが今後、当たり前になっていくでしょう。

私は60代で自己破産した父の裁判所の手続きも経験してきた上で、この提案をしています。私の父は会社を倒産させた後、一般企業で社員として働き始めましたが、その方が家計は安定しました。「社長でなくなった方が収入は安定する」場合もあるのです。心身の健康を害するまで社長を続けさせることが本当に「やさしさ」なのか、高齢化社会だからこそ考える時期に来ているでしょう。

また、建設業界の特徴はこれまで見てきたように「他業界よりも小さな会社が多い」点にあります。今は「建設会社の社長をできる人材」自体が人手不足なのですから、必然的に「社長ができる人」がいるところに仕事も人材も集約されていきます。

別の観点で若い経営者が承継した後の支援体制も不可欠です。建設業界は複雑な法規制があり、異業種から参入した経営者には不利な業界です。起業のハードルも高いと言えます。ドイツのマイスター制度のような「工事会社の社長になるための知識を学ぶ仕組み」が日本にはないため、金融機関や会計事務所などと連携し、まずは民間でノウハウを蓄積できないかと私は考えています。

建設業界ではコロナ禍で体調不良になった高齢社長が引退し、異業種や大手企業を経験した二代目、三代目経営者への事業承継が進んでいます。それに伴い各業界団体の運営も刷新されつつあります。

※1　帝国データバンク2023年調査
※2　PwC2018年調査
※3　2015年中小企業庁調査

ALL ABOUT THE CONSTRUCTION BUSINESS

4

「昭和」を終わらせる法改正

２０１９年から建設業界を取り巻く法律が次々と改正されています。

・２０１９年　建設キャリアアップシステム（ＣＣＵＳ）導入開始
・２０２３年　経営者保証改革プログラム
・２０２３年　インボイス制度開始（適格請求書等保存方式）
・２０２４年　建設、物流、医療の働き方改革関連法（時間外労働の上限規制）の施行
・２０２５年　改正建設業法などの施行による標準労務費などの導入
・２０２５年　建築基準法４号特例縮小
・２０２６年　紙の手形、小切手の全面電子化

個別の法改正内容は詳しく説明しませんが、「昭和の商慣習」が令和の時代にようやく終わろうとしている、とご理解ください。

「紙」の終わり

まず、電子帳簿保存法の改正や紙の手形、小切手の全面電子化は昭和の「紙の業務」をデジタル化する目的で進められています。これは郵便、物流業界や行政機関も人手不足の中、「紙の請求書の郵送」「書面管理」などが難しくなっていることも背景にあります。建設会社は様々な行政許可を取得する必要がありますが、建設業許可申請の一部の電子申請が開始したのはなんと2023年とつい最近です。それまではすべての申請書類が書面のみでした。コロナ禍によってようやく行政も重い腰を上げたと言えます。

人材確保のための思い切った法改正

時間外労働の上限規制（2024年問題）に加え、2025年には改正建設業法の施行が予定されています。ポイントは「工期ダンピングの禁止」と「標準労務費」です。

「工期ダンピング禁止」は、建設業者が本来必要な工期よりも著しく短い期間での工事を請け負う「工期ダンピング」を発注者だけでなく、受注者側も禁止することで、無理な工期による労働環境の悪化を防ぐ狙いです。

「標準労務費」は、国交省が示す基準（標準労務費）を著しく下回る「過剰な安値」の見積依頼を禁止し、大手元請けによる中小工事会社の買いたたきを防止し、中小工事会社で働く職人の賃金アップにつなげる狙いです。

いずれも運用が非常に難しく、混乱は生じると考えられますが、過去の商慣習を見直す踏み込んだ法改正と言えるでしょう。

経営者保証

「経営者保証」は、金融や中小企業経営に関わっていない方には馴染みのない言葉だと思います。経営者保証は中小企業が金融機関から融資を受ける際、経営者個人が会社の連帯保証人になることを指します。「会社の借金を社長個人も背負う」ものです。経営者保証があると、会社の業績が悪化し、融資返済が滞った場合、社長は自宅や自家用車など個人財産を処分してでも返済をする義務が生じます。会社の借金の額が大きくなれば個人財産を売却しても返済が追い付かず、裁判所に社長個人が「お金を返せません」という申請する行為、つまり「自己破産」になります。

自己破産した社長は様々な法的制約を受け、個人財産がなくなるだけでなく、クレジットカードや携帯電話なども一部使用できなくなります。会社の整理に加え、個人の生活基盤も危うくなる。家族との関係も悪化する。会社が倒産すればこのプレッシャーが同時に襲ってきます。それに耐えられず、心身を病み、自殺してしまう経営者もいます。私の父もこの経営者保証をしており、私は幼少期から「この家は父さんの会社が倒産したら売らないといけない」と言われ育っています。

「生産性の低いゾンビ企業はどんどん潰してしまえ」という有識者も最近多いですが、私は「ゾンビ企業の社長の息子」です。日本の場合、この経営者保証があるため、「ゾンビ企業」をどんどん潰す方向に持っていくと、自殺者が増えるリスクがあります。私は東日本大震災で仕事がなくなり、遺書を書いていた建設会社の社長夫婦の相談に乗ったことがあります。災害の多い日本では、やむを得ない事情で経営が悪化する場合があります。

この経営者保証は事業承継の妨げになり、経営者の自殺につながるとして徐々に減っており、2023年、ついに金融庁は「金融機関が経営者保証を徴求する際の監督強化」の方針を打ち出し、少しずつ経営者保証なし融資が広がっています。既存の借入に関しては、経営者保証を解除するためのガイドラインも公開されています。ただ、金融機関によっては消極的な場合もあり、足並みはそろっていません。

これらの法改正は大きく報道されませんが、「昭和の商慣習にケリをつける」大きな決断です。水面下で多くの専門家の戦いがあったのではと私は思います。

「変わらない日本」と言われますが、本当でしょうか？　あるドイツの経営学者によればば「日本は劇的な変化を起こさないよう、慎重に、確実に変化をする道を選ぶ」そうです。一連の法改正のように「少しずつの変化」は目に見えにくいですが、確実に社会を変えていきます。

ALL ABOUT THE CONSTRUCTION BUSINESS

5

AIが事務職を淘汰し、「手に職」の職人が残る？

「建設職人、物流関係などのエッセンシャルワーカー（社会生活を支える職種）が不足し、災害復旧が遅れる」といった経済雑誌の特集が最近組まれています。しかし、今、直視すべき現実はエッセンシャルワーカーではなく「事務職などのホワイトカラーの淘汰」です。大企業のリストラ（希望退職などによる人員整理）も増えていますので、誰もが「自分もリストラされ、エッセンシャルワーカーになるかもしれない未来」を考える必要があります。

まず2024年6月の有効求人倍率を見てみます。有効求人倍率は「ハローワークにエントリーされる求人の数」を「働きたい人の数」で割り算して算出します。

- **建築土木測量技術者…5倍**

・製造業、ＩＴなどの専門系職業全体…１・７５倍

これはハローワークに行けば、建設系の技術者人材は5社からすぐに入社のオファーがあるということです。資格保有者や高い技術を持つ人は引く手あまたでしょう。

・一般事務従事者…０・３１倍

・デザイナーなどのアート系…０・１８倍

これはハローワークで転職活動をしても事務系はオファーが極めて少なく、2～3社の面接を受けてやっと1社内定するという意味です。アート系はさらに有効求人倍率が低いです。今の転職市場は「事務、アート系の仕事をやりたい人が余り、お金が大きく動く建設や工場、システム開発の現場で働く人が不足」しているのです。

この背景として「高専、工業高校などの『理系』学科が減り、『文系』学科が増えた」ことも背景にあります。「文系学部」出身者の受け皿となってきた事務系の仕事がデジタル化によって減り始めたとも言えます。政府が「リスキリング」（学びなおし）を政策に掲げるのはこの「需要と供給のミスマッチ」解消のためです。

ここまで見てきたデータは2024年時点の「今」の数字です。ただでさえ減る「事務職」の仕事ですが、ＣｈａｔＧＰＴなどのＡＩの台頭で今後さらに減っていきます。内閣府の資料（※1）では「一般事務員」などがＡＩの影響を受けやすく、「建設土木作業員」「警察官」などが影響を受けにくいとされています。「施工管理」「医師」「弁護士」「経営者」などはＡＩのサポートを受けて現状より生産性が上がる、とされています。

経済産業省の資料（※2）を見ると、アメリカでは既に「事務職が減って建設、医療などの専門職が増加する」現象が起きています。電気技師などのブルーカラー職のカッコよさを発信するインフルエンサーが台頭し、資格が取れる専門系の学校が人気になっているそうです。アメリカの場合、日本よりも大学の学費が値上がりしているため、より学生が学校選びにシビアになっているのです。

日本はアメリカと比較すると、事務職の減少幅がまだ小さいとされています。事務職の業務内容を日米で比較すると、日本はアメリカに比べ「分析・創造的業務」のシェアが低く、「定型・作業的業務」のシェアが高いとされています。「定型・作業的業務」は伝票入力や経費精算などですね。これらの「事務作業」は世界的にＡＩによって自動化を進める研究が進んでいます。これからのＡＩ社会で生き残れる事務員は「ＩＴツールを使いこなし、総務、経理、営業サポートまでこなすスーパー事務員」に限られ、生存競争は激しくなります。

この「脱ホワイトカラー」の社会変化を示すわかりやすい事例が第6章で紹介した工業高校や高専です。企業の新卒採用担当者や学校へのヒアリングでは「東大生などの優秀層、体育会系、高専・工業高校などの専門系、この3タイプの学生が企業に人気で、中途半端な文系・非体育会系・無資格大卒学生が余る」とのことでした。若い方は建設系でなくてもよいので、何らかの専門性を早く身に付けることを意識してください。

建設業界の人件費が上昇し、住宅価格は上がっていきますので、今後「専門性のないホワイトカラー」は家を買うのも困難になっていくと考えられます。

他業界に目を向けてみると、大手複合機・印刷機メーカー、印刷会社のリストラが進んでいます。ペーパーレス化が進み、紙に関わる仕事が減っているためです。

大企業のリストラが進むのはなぜでしょうか？　賃上げが進んだことで1人当たりの人件費が上がっています。会社として人件費総額を抑制するためには、リストラで人数を減らすほかないのです。なお、建設業界は人手不足なので、ここ数年、大企業のリストラは起きていません。

※1　2024年　内閣府　世界経済の潮流 AIで変わる労働市場
※2　2019年　経産省　労働市場の構造変化と課題

ALL ABOUT THE CONSTRUCTION BUSINESS

6

建設業界のこれまでと未来

建設業界のこれまでと未来を整理します。

今何が起きているのか？

- **ヒト：災害復旧などの需要に対し、建設職人や技術系公務員が不足**
- **モノ：ドローン、３Ｄプリンター、業務効率化システムなどの技術革新**
- **カネ：建設投資の増加に伴う建設会社の財務改善＋建設業就業者の平均年収増**
- **情報：建設系YouTuberによる情報発信の増加**

ヒト、モノ、カネ、情報で見たときに「ヒト」の問題が圧倒的に大きいことがわかります。

「ヒト」の問題の背景にあるのは、

- **職人などの現場職の賃上げの遅れ＋人材育成できず辞めていく離職問題**
- **地方から都市部、零細・中小企業から大手企業への人材流出**
- **ヒトに投資せず「紙と電話」の仕事の仕方から脱却できない企業からの人材流出**
- **大学の工学部、工業高校などの「理系」の学びの場の減少**
- **増加する女性就業者を活かせない「おじさん経営者」**
- **「大阪が安い」「愛知が上がりにくい」などの地域間格差**
- **建設職人の有料人材紹介禁止などの業界特有の法規制**
- **３月など特定の時期に公共、民間双方の工事が集中**

などが挙げられます。

「公共工事批判」「氷河期世代の就職問題」などの経緯から、建設業就業者が１９９７年から２００９年ごろまで大きく減少したことも、現在の人手不足の「伏線」としてあります。

このまま何もしないとどうなるのか？

- **職人不足。特に地方、住宅分野で深刻化し、災害後に家の修復ができない、水道や電気などのインフラが復旧しないなどの問題が起きる**

・「エアコン設置工事をお願いしたけど1ヶ月待ち」「マンション修繕積立金の大幅増加」など日常生活に支障をきたす

他方で、ＡＩの台頭による事務職（ホワイトカラー）のリストラなどの社会変化が今後想定されるので、製造業や建設業などのものづくり（ブルーカラー）産業は、待遇・労働環境改善によってホワイトカラーの雇用受け皿になるべく、備える必要があります。複雑な資格制度をわかりやすく説明することも必要です。本書で「異業種から建設会社に転職した人」を多く取り上げているのは、この流れを見越しているからです。

また過去の経緯を踏まえると、メディアと建設業界の連携も強化する必要があります。「医療ドラマが増えると医療系大学の志望者が増える」と大学への取材で明らかになったので、「もっと建設業界のドラマを作ると良いのではないか」と私は業界団体で提案をしています。建築士や大手ゼネコンが登場する作品は既にあるので、地方の工事会社や職人を登場させてほしいと個人的には思います（監修はお任せください）。

現状考えられる解決策

まとめると、「お金と技術、情報はあるのだから、どれだけ人材、特に現場の人材に投資できるか、テクノロジーを活かせるか」がポイントになります。あとはテクノロジーを活用しやすいよう、規制緩和を進めることが重要です。

例えば、

・「大工の正やん」のようなベテラン職人の動画を活用した人材育成

・災害対策のノウハウを広域、官民で共有する

・技術を活用し「施工の簡素化」「修業期間の短縮」を図る

自治体の予算も限界はあるので、「直すインフラの選別」「そもそも災害に弱い地盤に家を建てられないよう規制する」などの対策が進み始めています。

業界団体や協力会社会（ゼネコンやハウスメーカーの一次、二次請け会社が集まる会）として、人材確保や書式統一による事務の効率化に取り組むことも重要です。

最後に重要なのは次世代の人材確保です。多くの工事会社がキッズ、中学生向けの現場見学イベント、出前授業をしています。浜松の共栄建設は「建設Ｋｉｄｓ」というキッズ向けの建設イベントの情報を集約したサイトを立ち上げています。「若者が来ない」と言いながら何もしない会社もありますが、未来に向けた投資をする会社も多いのです。

私個人の取り組みとしてはスポーツ強豪校と連携し「アスリートのセカンドキャリアとしての建設業」をＰＲする取り組みに着手しています。アスリートは競技引退後、歩合制の営業職や非正規雇用のサービス業など、不安定な雇用環境に置かれることもあります。そこで、建設会社で正社員として働くことを体育会系出身の経営者とともに提案しています。

終章

300年後の子孫たちに何を残すのか

Chapter 10:

What will we leave behind in 300 years

私の娘は本書執筆時、小学二年生です。通学路にある住宅の建設現場を見るのが好きです。「夏休みの自由研究でおうち作りたい」と言い出し、一緒に工作用紙で住宅模型を作りました（結局完成前に投げ出しましたが…）。私から建設業界の話はあまりしていませんでしたが、娘は「大人になったらおうち作る人になる」と言ってリフォーム関係のテレビ番組を見始めています。娘が将来、建設業界を選ぶかはわかりません。ただ、少しでも良い業界にして、次の世代に渡していくことが、私の父親としての役目です。

では「良い業界」にしていくために、何が必要でしょうか？　私が考えるポイントは「長期視点」「数字・事実に基づく議論」の2点です。

まず「長期視点」です。徳川家康は「300年先も使えるインフラ」を整備し、大都市東京の基礎を築きました。しかし、令和を生きる私たちは「コスパ」ばかり気にして「目先の小さなメリット」ばかり追いかけ、災害時の人命や財産など「長期の大きなメリット」を失っていないでしょうか？　たくさんのお金と最新のテクノロジーがあるのに「安物買いの銭失い」で結局、自分とその子供たちが損をしていないでしょうか。江戸時代に作られた水道施設は現代でも使えるのに、バブル期の建物は手抜き工事で使えない。そんなことが現場では起きています。

「数字・事実に基づく議論」も欠けています。かつてと違い、今はデータプラットフォームが整備され、データを活用した意思決定が可能になっています。Ｚｏｏｍなどのオンラインツールの発達で、日本全国の人と会話し、最新の事例やテクノロジーに触れることも可能です。それにも関わらず「バブル期の古い武勇伝」をベースに議論がなされることがあり、現場の実態からズレた制度が生まれることがあります。「たたき台」の時点で間違っている会議からはズレた結論しか生まれません。

ここまで見てきたように建設業界にはたくさんの課題があります。70兆円もの市場規模がありますが、関わる人を不幸にして70兆円を生み出してきた歴史があること、そして社会から多くの誤解を受けていることを、私を含めた建設業界関係者はよく理解する必要があります。

もちろん「嘆くよりも行動だ」と手を打つ人たちも建設業界にはたくさんいます。現場では様々なイノベーションも起きていますが、地域的なしがらみから、それを押さえつける動きもあります。今の建設業界は「未来のために変えようとする勢力」と「変えたくない勢力」が混ざり合う移行期間と言えるでしょう。

災害の多い環境で鍛えられた日本のものづくり技術が、世界の戦争や災害後の復旧に貢献する可能性もあります。第7章のように、建設業界は女性の貧困を救う可能性も秘めています。その未来を奪うことがあってはなりません。

「古くて大きな」産業である建設業界は日本社会の縮図です。第8章のドイツとの比較にあったように、建設に限らず日本のものづくりは「技術は世界トップクラスなのに商売がヘタ」です。技術がある者はそれなりの対価をもらわなければなりません。結果として、建設職人や町工場、アニメクリエーターなどが「過酷な割に経済的に報われない」構造になっています。建設職人など、ものづくりに関わる人が「商売」の大切さに気付き、より光が当たっていくようになれば、アニメなど他のものづくり産業が変わるヒントになるかもしれないのです。

私の役割は、建設業界をめぐる議論の「たたき台」をデータの力でアップデートし、「古いイメージ」の議論を減らしていくこと、そして「商売の大切さ」を伝えていくことだと考えています。

本書をお読みの方にもご協力いただき、建設業界、そして社会をより良いものにしていければ幸いです。

おわりに

私は子供のころから「ヒーローもの」の漫画が好きでした。父の会社のドロドロした出来事から、自分を連れ出してくれるヒーローを探していたのかもしれません。「物語のヒーロー」は必殺技で敵を倒す派手な存在ですが、「現実社会のヒーロー」は災害復旧をする建設会社の人々のように、極めて地味な存在です。「インスタ映え」「承認欲求」の時代に彼らは「映えない」場所で戦い、社会を支えています。災害時は自衛隊、医療関係者の活躍に光が当たりがちですが、建設会社、特に現場の技術者、職人の方々にも光を当ててほしいとメディアの方に対して思います。

父が会社を倒産させた大学三年の春。「小さな建設会社を助けてくれる人なんていない」と言って父は壊れました。私を助けてくれるヒーローは現れなかったので、自分でやるしかなく、私は泣きながら本屋に建設業界と法律の本を買いに行き、自分で資格を取って専門家になりました。その後の東日本大震災。それから十数年。本書を書きながら、これまでの経験が社会の役に立っているのを感じ、少しは自分も「誰かを助けるヒーロー」に近づけたのでは？　と思いました。

この度、書籍出版の機会をいただき、踏み込んだ内容も許容してくださったクロスメディア・パブリッシングの小早川社長、編集担当の根本さん、最初にお問い合わせいただいた浜田さんにお礼申し上げます。また監修いただいた松永先生もありがとうございました。本業の手を止めて本を書くことを許してくれた、寛大なクラフトバンクのメンバーと代表の韓（はん）にも感謝しています。

本書を書くにあたって30社以上の方に取材をさせていただきました。残念ながら文字数の関係で本書では取り上げられなかった事例、企業も多くあります。個人的には除雪、防災、鳶、法面、通信工事なども取り上げたかったです。

幼少期から建設業界で育った私でも初めて知ることが多く、大変勉強になりました。ご多忙の中、「建設業界の担い手が少しでも増えてほしい」と皆様こころよく取材を引き受けてくださいました。改めてお礼申し上げますとともに、改めて建設業界の面白さとディープさを感じました。皆様、建設業界に関する熱い思いをお持ちだったので、限られた文字数の中でまとめるのは苦労しましたが、その「熱量」が少しでも本書をお読みの方に伝われば幸いです。

髙木健次

本書内で紹介した以外の建設業界をより知ることができる書籍・ウェブサイトなど

書籍：建設業界の職種を知る

本書を通じ建設業界に興味を持ってくださった方は以下の三冊をおすすめします。土木、建築それぞれの職種が詳しく紹介されています。

・学芸出版社『土木の仕事ガイドブック』
・彰国社『建築学生のハローワーク』
・日経クロステック『建設 未来への挑戦　国土づくりを担うプロフェッショナルたちの経験』

書籍：工事のプロセスを知る

工事に関する専門的な知識がイラストでわかりやすく説明されています。

・彰国社『施工がわかるイラスト土木入門』
・彰国社『施工がわかるイラスト建築生産入門』

書籍：建設業法を知る

建設業法や公共工事の基本がわかりやすく説明されています。

・秀和システム『建設業法のツボとコツがゼッタイにわかる本』
・アニモ出版『中小建設業者のための公共工事受注の最強ガイド』

書籍：業界構造を知る

・東洋経済新報社『ゼネコン5.0　SDGs、ＤＸ時代の建設業の経営戦略』

以降は建設業界をより知るためのウェブサイト等です。

公的機関・業界団体

・一般財団法人　建設業振興基金（建設業に関する資格など）
・一般社団法人　日本建設業連合会　建設業デジタルハンドブック
・国土交通省　国土技術政策総合研究所
・公益社団法人土木学会　土木学会ＷＥＢ情報誌『ｆｒｏｍ ＤＯＢＯＫＵ』

ＳＮＳ

・YouTube施工管理チャンネル ｂｙ株式会社ライズ　@sekokan-ch
・YouTubeジョウ所長の土木技術者サポートチャンネル　@dobokusuppurt_johyo7
・Ｘ 株式会社ＳＩＧＭＡ建設研究所　@SIGMA_Const

専門家

・行政書士法人みそら（建設業法、公共工事入札など）
・社会保険労務士法人あさひ社労士事務所（建設業と労働基準法など）

・税理士法人プラザシップ（建設業顧問先を多く持つ税理士法人）
・株式会社保険ショップパートナー（工事保険の保険代理店）

メディア

・クラフトバンク総研（建設会社の事例紹介など）
・新建ハウジング（工務店むけ業界紙）
・朝日インタラクティブ　ツギノジダイ（中小企業をめぐる法改正など）
・共栄建設　建設ｋｉｄｓ（子供向けの建設業のイベントが探せるサイト）

【参考文献】

・大野裕次郎・寺嶋紫乃『建設業法のツボとコツがゼッタイにわかる本』秀和システム／２０２０年
・日経クロステック『検証　能登半島地震　首都直下・南海トラフ巨大地震が今起こったら』日経ＢＰ／２０２４年
・木村駿『建設ＤＸ２　データドリブンな建設産業に生まれ変わる』日経ＢＰ／２０２４年
・佐藤考一・角田誠・森田芳朗・角倉英明・朝吹香菜子『建築生産レファレンス』彰国社／２０１７年
・長嶋修・さくら事務所『災害に強い住宅選び』日本経済新聞出版／２０２０年
・谷川彰英『戦国武将はなぜその「地名」をつけたのか？』朝日新聞出版／２０１５年
・工学院大学『工手学校　日本の近代建築を支えた建築家の系譜』彰国社／２０１２年
・田中角栄『復刻版　日本列島改造論』日刊工業新聞社／２０２３年

【参考資料】

・２０２３年　東京カンテイ　タワーマンションのストック数（都道府県別）
・２０２４年　一般財団法人建設経済研究所　建設経済レポート　ｎｏ７６
・２０２３年　野村総研レポート「深刻化する建設業界の担い手不足、もはや経営課題・業界課題との意識を」
・２０１２年　浦安市液状化対策技術検討調査　報告書
・２０２４年　新潟大学災害・復興科学研究所　調査報告書「２０２４年能登半島地震による新潟市域の液状化被害」
・２０２３年　厚労省委託調査　職場のハラスメントに関する実態調査報告書
・２０１４年　国土交通白書　社会インフラの歴史とその役割
・２０１４年　土木学会「建設業界における重層下請け構造の現状と課題」
・２０１３年　土木学会「公共政策に関する大手新聞社報道についての時系列分析」
・２０１６年　土木計画学研究発表会「報道の送り手側の内実に関するヒアリング調査に基づく公共事業批判報道の背景の考察」
・２０１８年　土木学会「建設業者による自然災害対応に関する報道分析」
・２０２４年　建設経済研究所　ｎｏ７６　建設経済レポート　欧州の建設業における人材確保・育成に向けた取り組み
・２０２４年　内閣府　世界経済の潮流　ＡＩで変わる労働市場
・２０１９年　経産省　労働市場の構造変化と課題

カバーデザイン　金澤浩二
カバーイラスト　生田目和剛

［著者略歴］
高木健次（たかぎ・けんじ）
クラフトバンク総研所長／認定事業再生士（CTP）
1985年生まれ。京都大学在学中に塗装業の家業の倒産を経験。その後、事業再生ファンドのファンドマネージャーとして計12年、建設・製造業、東日本大震災の被害を受けた企業などの再生に従事。その後、内装工事会社に端を発するスタートアップであるクラフトバンク株式会社に入社。社内では建設業界未経験の新入社員向けのインストラクターも務める。
2019年、建設会社の経営者向けに経営に役立つデータ、事例などをわかりやすく発信する民間研究所兼オウンドメディア「クラフトバンク総研」を立ち上げ、所長に就任。
テレビの報道番組の監修・解説、メディアへの寄稿、業界団体等での講演、建設会社のコンサルティングなどに従事。

【クラフトバンク総研】https://corp.craft-bank.com/cb-souken
【X】https://x.com/TKG_CraftBank。

建設《けんせつ》ビジネス

2025年2月1日　初版発行
2025年3月21日　第2刷発行

著　者　髙木健次

発行者　小早川幸一郎

発　行　株式会社クロスメディア・パブリッシング
〒151-0051 東京都渋谷区千駄ヶ谷4-20-3 東栄神宮外苑ビル
https://www.cm-publishing.co.jp
◎本の内容に関するお問い合わせ先：TEL（03）5413-3140／FAX（03）5413-3141

発　売　株式会社インプレス
〒101-0051 東京都千代田区神田神保町一丁目105番地
◎乱丁本・落丁本などのお問い合わせ先：FAX（03）6837-5023
service@impress.co.jp
※古書店で購入されたものについてはお取り替えできません

印刷・製本　中央精版印刷株式会社

　ISBN978-4-295-41055-3　C2034